产品设计基础解析

张　峰　著

中国时代经济出版社

张 峰

男，山东淄博人，江南大学工业设计硕士，英国诺丁汉大学访问学者。现任教于浙江大学宁波理工学院工业设计专业。主要研究方向为计算机辅助工业设计、产品形象识别系统构建等。

目　录

第一章
产品的构成

第一节　产品的定义

产品是人们生活中不可或缺的，其范畴也随着人们生活方式的变化而逐渐发展和延伸。人们通常理解的产品是指具有某种特定物质形状和用途的物品，是看得见、摸得着的东西。法国美学家拉罗认为，产品的形式是材料和结构的外在表现，是由一定的线条、色彩、形体等在产品外部可以直接感知的物质属性所构成的整体。从消费者角度看，广义的产品是指人们通过购买而获得的能够满足某种需求和欲望的物品的总和，它既包括具有物质形态的产品实体，又包括非物质形态的利益。它是消费者的一种期待，它拥有满足消费者的那种期待、需求的功能，也是一种使用权。不仅含有来自于物质产品及温馨服务的满足，而且还含有来自个性的创见或来自于感官的满足。从企业角度讲，产品则是指根据消费者所给予的价值而提供相应各个方面的满足和需要的综合物，当然，企业制造产品的目的是通过实现产品使用价值来获取利润，所以任何产品都是具有社会性、时间性和审美疲劳性。

由此可见，产品的整体概念是指能够提供给市场，被人们使用和消费，并能满足人们某种需求的任何东西，包括有形的物品、无形的服务、组织、观念或它们的组合。产品一般可以分为四个层次，即核心产品、形式产品、延伸产品和心理产品。

核心产品是指整体产品提供给购买者的直接利益和效用，是消费者真正要买的东西，因而在产品整体概念中也是最基本、最主要的部分。消费者购买某种产品，并不是为了占有或获得产品本身，而是为了获得能满足某种需要的效用或利益。

有形产品是核心产品借以实现的形式，即向市场提供的实体和服务的形象。如果有形产品是实体物品，则它在市场上通常表现为产品质量水平、外观特色、式样、品牌名称和包装等。产品的基本效用必须通过某些具体的形式才得以实现。市场营销者应首先着眼于顾客购买产品时所追求的利益，以求更完美地满足顾客需要，从这一点出发再去寻求利益得以实现的形式，进行产品设计。

延伸产品是顾客购买有形产品时所获得的全部附加服务和利益，包括提供信贷、免费送货、质量保证、安装、售后服务等。附加产品的概念来源于对市场需要的深入认识。因为购买者的目的是为了满足某种需要，因而他们希望得到与满足该项需要有关的一切。美国学者西奥多·莱维特曾经指出："新的竞争不是发生在各个公司的工厂生产什么产品，而是发生在其产品能提供何种附加利益（如包装、服务、广告、顾客咨询、融资、送货、仓储及具有其他价值的形式）"。

心理产品指产品的品牌和形象提供给顾客心理上的满足。产品的消费往往是生理消费和心理消费相结合的过程，随着人们生活水平的提高，人们对产品的品牌和形象看得越来越重，因而它也是产品整体概念的重要组成部分。在工业化时代向信息化时代转型的过程中，产品设计的定义也在悄然发生着微妙的变化，产品从具有面貌和特征过渡到无面目产品的出现，即由物质性转向非物质性。产品设计涉及的学科日益增多，其领域日趋扩大并且相互交融。国际工业设计协会前主席曾指出：工业设计的核心是产品设计。因此，从国际设计界的角度来看，产品设计可以分为实与虚两个部分。一是实体物，即物质化产品，如通常所见的各种工具、用品、机器等。这部分的产品按照用途还可划分为消费性产品和生产性产品。二是无形物，即非物质产品，如意识形态、文化和思维构成的管理、机构、服务等。

第二节　产品的构成要素

一件完整的产品不是孤立存在的，而是由多种要素构成的。随着时代的进步，产品设计领域不断拓宽，构成要素也会随之变化。为了明确产品设计中多种构成要素在整个设计中的地位，以及在每个设计环节所关联的要素，将基本的构成要素和一般的产品设计进行关联性分析，如表1-1。

表1-1　设计要素与设计程序的关系

设计要素与设计程序关系

设计要素＼设计程序	认识问题	设计目标	程序设计	构思资料	分析	综合化	展开	设计定案	结果汇总	结果研究	评价	传达
环境	○			●	○	○			●		●	
人因	○			●	○	○	●		●		●	
机能	○			○	○	○	○		○		○	
机构/构造				○	○	○	○		○		○	
技术				○		●			○		○	
形态				○		○			○		○	
材料/加工		○	○	○		○	○	○	○	○	○	○
经济性				○		○			○			
尺度				○		○			○			
色彩				○		●			○		○	
专利				○		●						
法令/法规				○		●						
市场	○			○	○	○						

一、人的因素

人的因素主要包括人的生理因素和心理因素，此处的"人"主要是指用户、消费者。人的生理因素主要包括人的形态和生理方面的特征，如人体的基本尺寸、体形、动作范围、活动空间和行为习惯等，这些因素都影响着产品的功能实现、操作便捷性及使用安全性等；人的心理因素主要指精神方面，它随着国家、民族、地区、时间、年龄、性别、职业、文化层次等各种因素而相异，影响着产品的形态、色彩与质感等与视觉美感相关的设计内容。诚然，设计是为人服务的，也是为了满足人们的需求而存在的。因此对于人因的关注也就成为设计分析阶段的重要内容。

二、环境因素

环境和生态已成为现代产品设计必须考虑的因素之一，当经济利益和环境生态发生冲突时，设计需要站在保护环境的立场上，将产品开发置于人——自然——社会的体系中加以考虑。设计中的环境因素主要有：一种是对设计对象产生某种直接影响的要素，另一种是包围设计对象的状况。前者指围绕人——产品——环境这一系统的诸多要素，如技术、功能、人的机能、结构、材料、加工工艺、经济、形态、色彩、法规、专利、作业、自然环境、市场等。它们之间的关系如图 1-1。后者则是指与设计对象相关联的使用环境、放置空间等的和谐程度。

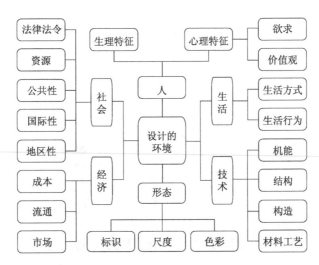

图1-1　设计环境及其构成要素

三、功能因素

设计中的功能一般指实用功能，即所设计的产品在达到其目的时的作用，这是产品设计的核心条件之一。通常，设计过程中除了考虑产品的本质功能外，还要考虑其从属功能或二次功能等，其通常与使用功能无关而与满足使用者的某种欲求有关。设计中的功能因素主要有如图 1-2 设计中功能因素的性质分类：

- 物理的（机械的）功能
- 生理的功能
- 心理的功能
- 社会的功能
- 美的功能

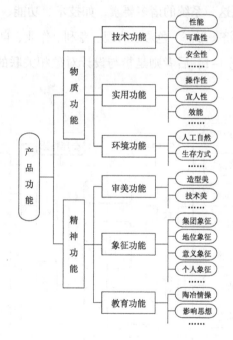

图1-2　设计中功能因素的性质分类

四、形态因素

形态是产品设计的表象形式。用以构成形态的点、线、面、体等概念元素在产品中如何体现，则是产品设计的重点内容。设计中的形态因素并不存在一个固定的标准，正如自然界中的形态千变万化，产品的形态也风格各异。

如图 1-3 整体具有节奏和韵律感，螺纹变化符合某种数学函数关系，但不存在绝对的精确性。图 1-4 形态各不相同，但都围绕功能构建整体形态，整体和局部都体现出纯粹形态的精确性和技术美。但对于产品形态的考量主要遵循和谐、统一、变化、节奏、韵律、对比、调和等视觉原则，且要与产品的实用功能和人们的审美心理相一致。

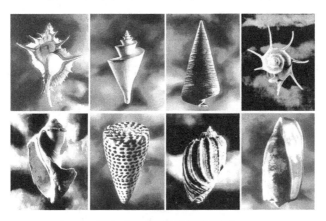

图1-3　螺壳形态的变化

图1-4　音乐播放机的形态

五、色彩因素

不同的色彩给人以不同的形象和联想，产品的色彩则直接影响着消费者喜爱度和购买度。据调查人们在选购产品时，除了功能之外，色彩、形态和价格是最为主要的因素。在设计过程中，色彩因素的考虑不仅仅是审美上的内容，而且应包含产品色彩的和谐度、色彩的禁忌、色彩对环境的影响及对人的视觉刺激等内容。设计中色彩因素应注意以下几点：

•根据产品的功能和材料，选用能提高产品魅力的色彩，如图 1-5；

图1-5　戴森吸尘器的色彩

•选择适合于产品使用环境的色彩，如图 1-6；

•选择适合于使用者心理、生理特征的色彩，如图 1-7 人偶玩具的色彩设计图 1-8 人偶玩具商店展示效果；

•避免零部件色彩杂乱的组合；

•选择突出产品品质的色彩；

•针对不同人群设计多样化的色彩。

图1-6　家具与家居环境色彩的和谐应用

图1-7　人偶玩具的色彩设计　　　　1-8　人偶玩具商店展示效果

六、机构和构造因素

　　机构和构造通常属于工程设计或结构设计的内容，但在产品设计过程中也必须充分了解相关因素，才能够在构思过程中合理地展开，或者利用部分机构的运行方式加以分析，从而形成新的构思。如家具、文具等产品的设计常常可以从机构的变化、改良入手，使内外协调，进而创造出技术和艺术功能俱优的产品，如图 1-9。

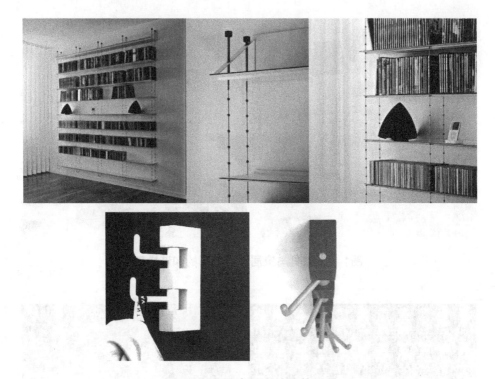

图1-9　家居产品中的结构设计

七、材料与加工因素

　　产品的材料是决定产品质量的关键因素。随着材料技术的发展，众多新材料不断产生并被广泛应用于各类产品之中，如 IT 产品、汽车等。但材料可选性增加的同时，其造成的危害也日益明显。因此，对产品材料和工艺的选择应在便于生产、降低成本、减少公害的前提下进行恰当的选择。如材料应用合理性、省材、无污染、加工组装简便、易回收、可循环利用等，如图 1-10。

八、经济因素

　　物美价廉，始终是消费者追求的目标。而以最低的费用取得最佳的效果，也是企业和设计人员都遵循的一条价值法则。诚然，这并不是鼓励设计选用

图1-10 现代家具设计中的材料与工艺应用

最低廉的原材料来拼凑产品，而一味降低成本而忽视产品的质量。设计过程中对经济因素的考虑应遵循价值工程，在保证产品质量的前提下，降低产品的消耗。

九、安全性因素

安全性问题是一切产品都必需充分考虑的。当今科技进步，工业产品的自动化程度也得到很大提高。这在给人们的生活带来方便和快捷的同时，危险性也随之增加。因此，设计师必须充分考虑产品可能带来的危害，并在设计过程中加以化解，如技术问题、材料问题、潜在危害等。同时，设计人员也必须遵守各种相关的安全法规和产品标准等。

十、维修与保养因素

维修与保养是影响产品使用寿命和使用安全的重要因素，好的产品应便于维修保养。设计过程中需要考虑产品造型是否利于维修与保养、零部件更换是否方便、兼容性如何、在何地维修与保养等。

十一、创造性

创造性，是产品设计的本质体现。离开了创造，设计往往流于抄袭或简单的仿制。但追求产品的创造性，不是片面地强调产品的离奇古怪和与众不同，而是要充分考虑世界各国和各地的传统文化、审美习惯等因素，结合产品的实用功能，设计出融实用性和审美性于一身的优秀产品，因此说优秀的产品应该是平凡中见新颖的，如图 1-11。

图1-11　"周日报纸"桌椅设计

十二、专利因素

世界各国都制定了相关的法律条例，用来保护产品的专利权，包括名称、商标、文字、造型、结构、操作方式、装配方法等。作为设计师既要掌握一定的法律知识，遵守法律规定，同时也需要学会从专利中吸取、借鉴优秀的元素用于创新。

产品的构成因素还有很多，以上各项是最为主要的几个方面。我们在设计时，绝不能孤立地考虑某一因素，而应从具体的产品出发，将各要素综合地加以研究和应用。概括地讲，要遵循实用、经济、美观的原则，切实做到设计的先进性与生产现实性相结合，设计的可靠性与经济合理性相结合，设计的创造性与科学的继承性相结合，设计的理论性与实践规律性相结合，创造出更多受消费者青睐的产品。

第三节　产品、商品、用品和废品

　　一类物品，随着人们利用与介入程度的不同，其自身的定义与价值也产生着变化，从产品的生命周期来讲，一件产品从生产到废弃可分为四个阶段：产品阶段、商品阶段、用品阶段和废品阶段。从不同阶段的设计语意来分析产品，可以让我们换位思考，进而从不同的角度理解与接纳产品的意义与价值。完成产品的过程包括研究与开发、设计与制造；完成商品的过程包括定价上市、营销与推广；完成用品的过程主要是用户的学习与认识，使用与评价；完成废品的过程是贩卖、贬值或者再利用。每一个过程里都蕴含着丰富的设计价值洞察与价值资源，对使用者或者设计者来说，每种洞察力都可以带出一种全新的生活体验与可能。

一、产品

　　如前所述，产品基本上包括了一切人类制造所产出的物品，不论手工的或机械化生产的。随着科学与技术的发展，产品的概念也逐渐拓展和延伸，越来越多的不具有实体的产品被开发设计出来，产品设计内容也随之发生变化，如信息产品、交互界面等，而设计方法和表现方式也应有所调整。当然，不同的学科和领域所理解的产品概念也有所差别，对于工业设计来说，产品通常是指工业、半手工业、批量化生产并提供市场销售与消费的物品。

二、商品

　　商品是指用于交换的对他人或社会有用的劳动产品，具体而言，商品是在市场上承担一系列的购买与销售服务行为的载体。从设计的角度来看，产品进入流通阶段就成为商品，而随着产品的商品化，产品的语义也随之转变为商品的价值和意义。商品所关联的人群包括经销商和消费者，二者处于商品交换的两端，其对商品语义的辨认和解读也不同。经销商将商品看作获取价值的来源，而消费者却从中希望得到理想的使用价值。正是这种不同的需求，促使企业和设计师进行新产品的研发和设计。

三、用品

用品是在人们生活的空间里和时间内，为我们提供帮助的物品与服务。人们的生活离不开各种各样的用品，吃、穿、住、行无不如是。当然，人们的生活方式在改变，用品也随之变化。用品的使用过程也会让我们感觉愉快或者不愉快，方便或者不方便。每种用品也都对应着相应的功能需求，也有相应的形态表现，不同的消费者对用品的造型、材料、工艺和装饰的认知和理解也不相同，这就需要设计师充分考虑用品的使用情境和所面对用户的实际需求，同时需要创造性地探索新的生活方式，解决生活中的实际问题，并通过新技术和新材料等手段，拓展人们的用品系列，使生活质量得到更好改善。因此，设计一种与众不同的生活始终是设计师的一种追求。

四、废品

废品即所谓无用的产品。通常人工制品都有一定的使用寿命和生命周期，尤其是工业产品，如各种塑料制品、金属制品等，导致产品废弃的原因，一方面是材料本身的老化，另一方面是产品使用过程中的磨损和消耗。而废弃后的产品不仅仅造成资源的浪费，如果回收不力，还会对自然环境造成严重破坏和污染，这也是当前全球面临的严峻问题之一。因此，设计界也提出绿色设计和可持续设计的理念，尽量从整个产品生命周期来考虑产品，即由传统的"从摇篮到坟墓"模式转向"从摇篮到摇篮"方式，从产品设计之初，就考虑产品报废后的回收、再利用及废弃处理等，尽量采用可再生、可循环材料，并减少废品对生态环境的污染和破坏。

第四节　新产品的概念

在当今世界日趋激烈的市场竞争中，新产品开发对于一个企业，甚至对一个地区、一个国家来说都至关重要。国际上一些著名的企业之所以能在较短时期内取得惊人的进展，无不与新产品的开发成功有直接关系。因此，没有一个著名的企业和企业家不在新产品开发上努力的。如 1998 年多彩的 iMac 电脑的开发拯救了濒临倒闭的苹果公司，并成为美国最畅销的个人电脑，而随之开发的 iBooks、ipod 等系列产品更是使苹果公司产品蜚声国际，如图 1-12。同样，SONY 的 walkman 随身听、阿莱西的"剪纸娃娃"系列产品等都是新产品开发的经典之作。如图 1-13。可以说，要发展经济，开拓市场，就必须把产品开发作为重要的战略放在重要的位置上。

图1-12　苹果公司经典产品设计

虽然"新产品"这个词到处可见，但实际上，人们对该词的理解却不尽相同。那么，到底什么样的产品算是新产品呢？对于新产品的定义各国有所不同，难以下一个国际统一定义。同时，这类定义随着时间的推移也在不断完善。

图1-13　阿莱西的"剪纸娃娃"系列

国家统计局对新产品作过如下规定："新产品必须是利用本国或外国的设计进行试制或生产的工业产品。新产品的结构、性能或化学成分比老产品优越。""就全国范围来说，是指我国第一次试制成功的产品。就一个部门、一个地区或一家企业来说，是指本部门、本地区或本企业第一次试制成功的产品。"此规定较明确地规定了新产品的含义和界限，这就是：新产品必须具有市场所需求的新功能，在产品结构、性能、化学成分、用途及其他方面与老产品有着显著差异。

根据上述定义，除了那些采用新原理、新结构、新配方、新材料、新工艺制成的产品是新产品外，对老产品的改良、变形、新用途开拓等也可称为新产品。

美国联邦贸易委员会对新产品所下的定义是：所谓新产品，必须是完全新的，或者是功能方面有重大或实质性的变化，并认为一个产品只在一个有限的时间里可以称为新产品。被称为新产品的时间，最长为 6 个月。这 6 个月对企业来说，似乎太短了，但从对产品生命周期的分析来看还是合理的。

开发、设计、研究新产品的目的和本质是为人类服务，提高人们的生活质量。对企业来说，开发新产品主要在于销售。而销售的目标是消费者，最终决定命运的也是消费者。因此，如果不能满足消费者的需求和利益的商品，就不是优秀的产品。不管何种定义，新产品必须是：

（1）反映新的技术开发，如图 1–14

（2）敏感地反映时代的变迁，如图 1–15

（3）必须反映广大消费者的新的欲望和需要，如图 1–16

（4）有新的创造——创造性的构思、功能等，给以方便性和意外性，如图 1–17

（5）便于生产并能有利于企业在市场开拓独特的道路，如图 1–18。

必须指出，由于各国经济、文化、政治、民族、宗教、传统习惯、自然条件等因素差异，理解也必然有所不同，且随着时代变迁其定义也在发展。例如，发达国家的新产品在落后地区未必认可；反之，在落后地区出现的新产品可能是先进国家早已淘汰的产品。因而，判断新产品还要考虑是在何时、何地和由谁来开发等因素。

图1-14　Segway人体运输机

图1-15　等离子电视机设计

图1-16　机器狗设计

图1-17　微波炉设计

图1-18　胶合板家具设计

第五节　新产品的分类

在企业进行新产品开发业务时，为了有计划、有组织地进行工作，有必要将新产品分类以明确职责权限，使工作有效地开展。新产品的分类，随基准不同有各种各样的分法。主要的分类基准有根据产品开发目标分类、根据技术开发类型分类、按开发地域分类、按开发阶段分类、按开发方式分类（如表1-2）。

表1-2　不同标准下的新产品分类

新产品	根据产品开发目标	利用最新技术开发出来的新产品
		在原有产品基础上进行技术改进的新产品
	根据技术开发类型	发明性新产品
		换代性新产品
		改进性新产品
	根据开发地域	国际性新产品
		国内性新产品
		区域性新产品
	根据开发阶段	实验室新产品
		试制新产品
		试销性新产品
	根据开发方式	独立研制的新产品
		联合开发的新产品
		技术引进的新产品
		仿制的新产品

国外几种常用的分类法如表1-3至表1-6所示。

表1-3　水野滋教授的新产品分类

新产品分类区分	分类内容
1. 开发场所的新产品	1. 世界上最早的新产品 2. 国内最早的新产品 3. 企业内最早的新产品
2. 发生过程	1. 根据市场调查结果的新产品 2. 由基础研究的产品 3. 创意性立意的产品 4. 企业创立的产品
3. 与既存或旧产品的关系	1. 旧产品的复活 2. 旧产品的新用途开发 3. 旧产品的新结合、新装配 4. 给旧产品附上新的印象 5. 与旧产品完全不同的产品
4. 研究、生产、技术	1. 靠过去的技术、设备生产的产品 2. 进行了若干改良的产品 3. 由完全新的技术和设备生产的产品
5. 从销售方面	1. 使用以往的销售组织开发 2. 完全使用新的销售组织的产品
6. 从消费方面	1. 扩大销售面的产品 2. 供余暇利用的产品 3. 其他

表1-4　基于产品目标的新产品分类

技术尺度 市场尺度	现行技术（水准） 靠公司现有的技术水平来吸收	改良技术 充分利用企业现有的研究、生产技术	新技术 对企业新知识新技术的导入、开发应用
现行市场	靠现有市场水平来销售	现行产品	再规格化产品	代替产品
			就现行的企业产品，确保原价、品质和用度的最佳平衡的产品	靠现在未采用的技术比现行制品更新而且更好、规格化了的产品
强化市场	充分开拓现行产品的既存市场	再商品化产品	改良产品	产品系列扩大产品
		对现在的消费者层增加销售额的产品 例：加工业者的系列化	为了提高更大的商品性和利用度，改良既存产品来增加销售额	随着新技术的导入对既存使用者，增加产品系列
新市场	新市场新需要的获得	新用途产品	扩大市场产品	新产品
		要开发利用企业现有产品的新消费者层	随着局部变更现有产品来开拓新市场	在新市场销售由新技术开发的产品

表1-5 基于开发方法的新产品分类一

追求目的型的新产品	对问题或开发目的，分析所需解决的方面。为此，必须做什么、能做什么……以此探究解决的方法和技术。用这种方法来开发的新产品。
应用原理型新产品	就成为问题的地方，从根本上探究其机构和原理，利用研究的结果和知识创造的新产品。
类推置换型新产品	将其他新产品中所应用的知识、法则、材料及其智慧经验等成功的例子应用于自己所考虑的产品中去，用这种方法开发的新产品。
分析统计型新产品	不是来自计划性的研究成果，而是综合汇集由经验和自古以来的知识等统一性事实，将其结果应用开发的新产品（不是实验计划的数据，而是凭借现有数据解析的方法）。

表1-6 基于开发方法的新产品分类二

技术指向型开发	这是以研究人员的技术兴趣和特长为主题，决定应开发什么产品的方法。
市场指向型开发	这是以市场信息为基础的经营者对市场的兴趣和关注点为主题，决定应开发什么产品的方法。

必须特别指出的是，新产品开发中的型号更新问题。在新产品开发中开发全新产品当然更好。但是，在实际中，大量的是现有产品的改良和更新。尤其像家电、钟表、汽车、纤维及其他生活用品更新更快，更要注重研究型号更新。所谓"型号更新"就是将商品体系中现有的型号置换成新的型号。

型号更新是推销商品的一种战略，以对消费者有吸引力（营业方面）、提高商品的功能（消费者方面）、新技术的应用、生产工程合理化（技术方面）、提高企业形象（经营方面）等为目的，进行形式变换、机能改良、新技术的应用等手法的新产品开发。

这种型号更新是为了适应企业内外要求，特别是适应竞争激烈的市场变化的必要手段。因此，型号变换是促使企业发展的手段之一；同时也是为了让消费者得到多种满足、以解决他们需求的方法。

第六节　新产品开发策略

所谓产品开发，一般指研制新产品、更新改造老产品，增加花色、品种、规格、改进包装和装潢，从而实现产品的更新换代，即产品开发主要包括三方面内容。

（1）开发新产品，即对未曾生产过的产品进行研究、设计、试制和投产试销及商品化等工作。

（2）改进老产品，用改进后的产品替代未改进的老产品。

（3）增加花色、品种、规格，或者说开发新花色、新品种、新规格、新造型、新包装等。

通常以上产品开发内容都需要设计人员的参与才能够完成，但实际意义上的新产品开发，则是指针对消费者或使用者需求而进行的全新产品的创新和现有产品的改良设计，即新产品开发的流程是由设计需求起始至产品推向市场的完整过程，而对于更换花色、包装及局部装饰、零部件等内容则不被认为是新产品开发内容。因此，产品开发的内容可以分为形态和属性两部分，通常形态部分属于新产品开发设计的主要内容（如图 1-19）。

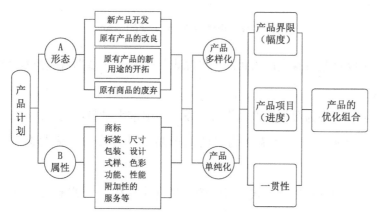

图1-19　产品开发计划的主要内容

对于企业来讲，新产品开发的目的不尽相同，但一般为以下几点：

（1）"赢利"——把新产品开发作为收益源，确保企业利润；

（2）"扩市"——为了改变产品的陈旧和适应市场的变化；

（3）"保先"——为了防止技术的陈腐，保持技术的先进性（维持技术性资产）；

（4）"促发展"——为了保证企业将来发展。

企业在明确了新产品开发目的之后，就要根据市场竞争情况和消费者需求状况确定新产品开发计划如图1-20。从国外市场经济发展过程中可以看出，不同的经济发展时期新产品设计开发计划主要有以下四种类型。

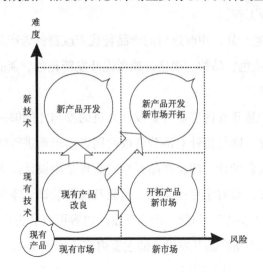

图1-20　企业新产品开发的方向

（1）以企业自身生产为目的的产品设计开发——根据自有技术及能力生产产品；

（2）以销售为目的的产品设计开发——追求大批量的销售；

（3）以满足消费者需求为目的的产品设计开发——满足多样化消费需求；

（4）以创造新生活方式为目的的产品设计开发——创造新的生活方式引导消费。

这里必须指出的是，并不是任何一个产品开发计划都能获得成功。在新产品开发活动中，能开发出适销产品的数量较少，比起成功来，失败的数量更多。开发失败的原因很多，主要原因如表1-7所示。

表1-7 产品开发失败原因调查表

产品开发失败原因调查分析汇总		
1	对市场分析不全面	45%
2	产品存在技术问题或缺陷	29%
3	市场推销的不好	25%
4	成本高于期望值，价格过高	19%
5	竞争的反作用造成的	17%
6	产品进入市场的时机不好	14%
7	制造上存在问题	12%

企业经营成败的关键之一是开发新产品，而开发受顾客欢迎的、适销新产品成功率又较小。那么企业如何组织进行有效的开发呢？归纳起来主要应做如下工作：

（1）开发情报组织与开发活动相连接的情报收集，对开发的制度、方法进行研究，对开发资料和有用情报进行系统储存。

（2）开发的构思。广泛收集创造性的构思和智慧，将构思系统地整理，并有效地组织对开发产品构思的评价。

（3）制定方针、目标、计划。要确立正确有效的开发方针、目标和计划，并明确其职责。要让有关人员充分、彻底地了解既定方针、目标和计划。

（4）基础的研究。要明确基础研究的目的、方向，要创造便于研究的体制。

（5）开发研究。要研究有关在加工、流通阶段的开发方法，并制定评价所有物设备的方法。

（6）质量设计。要明确开发目的，并进行合乎要求特点的质量设计。

（7）质量评价、开发评价。要进行确立评价项目、评价方法、评价尺度的研究，并确立评价的原则和反馈体制。

（8）开发组织和权限。要创造有效进行开发的弹性组织，要配置合适的人才，并培养研究开发和管理的专家。

（9）开发管理。要确立管理检查开发的规则和体系。

（10）经营部门。要有组织地进行构思评价和有计划地进行商品展开；要很好地进行生产管理，谋求综合性开发。

（11）经营者层次。要考虑有用情报的对策，明确开发方针、目标和主题，制定综合营业及生产的责任体制，要进行与企业相连接、与成果相联系的开发。

（12）管理者层次。要明确适应开发阶段的管理点、检测点，要求开发的效率化，要采取不失机会的对策，要充分进行有关开发的管理。

（13）部门之间的问题。要努力谋求部门间的有机统一，并确立情报和评价的反馈体制。

第七节　新产品开发组织

组织是构成现代人类社会的基本单位。现代意义上的组织，指的是按照一定的目的、任务和系统加以结合的结构。也指所结合的集体。

任何组织、部门都不是仅作为一种组织形式而存在的，而是为了实现某一特定的需要而存在，满足社会、地区、个人等特定的需要而存在，具有满足这种需要的各种固有的职能。例如，政府机关、学校、医院等，具有各自的目的，具有达到其目的的固有职能。企业也是一种组织，其目的是达到经济性的职能。这种职能就是创造顾客，为了达到这一目的所需的活动是革新和经营活动，为了顺利地进行这种活动，组织管理就愈益显得重要。

从国内外产品开发与设计的情况来看，承担新产品开发设计的组织主要有部属设计院、研究所或科学院所属研究所，或省市地方所属研究设计部门，或大专院校所属的设计研究机构等。一些大型企业或专业公司，也拥有自己专属的设计研究部门，如研发中心、设计部等，而中小企业中也多设有设计科或设计室。此外，企业在进行具体的新产品开发项目过程中，也会采用适当的形式来组织专业人员构成设计开发团队。团队的组织管理与企业内其他部门的关系是组织管理的主要内容。设计组织的结构是由各项专业的人员所组成，是将各设计师与产品开发者组成团队的方案。按组织的管理结构分类，新产品开发组织主要包括以下几种类型：

一、功能型组织，又称金字塔型组织

这种组织的特点是权限由上至下，无论是命令还是信息，都是从上向下传递的。每个项目团队的人员与其他团队人员并无强烈的组织关联。例如，多数企划人员均向同一位经理报告负责，经理也负责考核与评定他们的薪资，这样的情况也同样在研发部门出现。即组织的管理呈阶梯状，利于管理，提高执行效率，但不利于部门间的协作，如图 1-21 功能型组织结构。

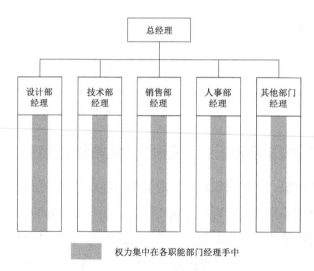

图1-21　功能型组织结构

二、专案型组织，又称独立型组织

这种组织是由来自不同功能、专业的人员组合而成，并承担独立的开发项目，与企业的其他部门彼此分离。组织设置有专案经理，专案经理亦可挑选其研发项目与人员，并负责项目的进度与研发人员的考核。企业在进行特殊且重要的开发项目时，通常会成立"项目小组"，运用特定的资源完成专案项目，小组人员从原部门抽调出来，不再受原部门的管理。这种组织有利于集中企业的优势资源、整合各部门的精英力量完成特殊的开发项目，是现代企业攻关项目开发中经常采用的形式，如图1-22。

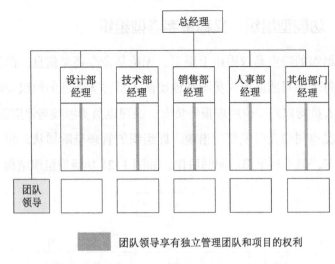

团队领导享有独立管理团队和项目的权利

图1-22　专案型组织结构

三、轻型专案矩阵组织，又称轻团队领导型组织

所谓矩阵组织，是指组织成员同时受部门经理的纵向功能管理和团队领导或项目经理的横向管理。轻型专案矩阵组织偏向于纵向的功能性，即组织中部门经理的权重较大，负责人事管理及人员考核。而团队领导更像协调者，负责修订进度表、安排会议、促进部门协调等，并无真正的自主权与控制权，如图1-23。

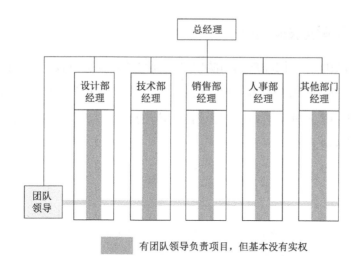

图1-23　轻型专案矩阵组织结构

四、重型专案矩阵组织，又称重团队领导型组织

此种组织相对于轻型专案矩阵组织具有较佳的专案性。专案经理拥有绝对的领导权与决策权力，积极参与研发并严格考核人员的表现；而部门经理的权限则限于日常事务的管理。由于专案经理拥有完全的自主权，因此利于有效地整合机构内部资源，保证开发项目的顺利进行，如图1-24。

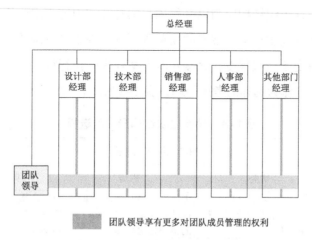

图1-24　重型专案矩阵组织结构

五、平衡型矩阵组织

此种组织中，部门经理和团队领导或项目负责人分享权力，部门经理偏重于人员的行政管理和人事考评，而团队领导则负责项目进度和人员的业绩考核等。此种形式通常会造成权力划分不清的矛盾，不利于开发项目的顺利进行，如图 1-25。

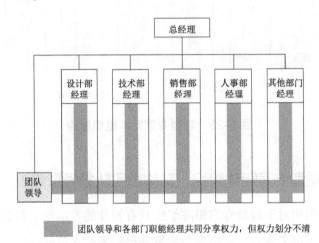

图1-25　平衡型矩阵组织结构

上述几种组织结构各有其优缺点，不易判定哪种形式为最好的产品开发组织。选择设计组织结构应当以开发项目的特征和内容为主要依据，次要依据则要视实际的发生情况、技术的变革等不确定因素进行调整。然而最高经营者的实际决定于授权程度，直接左右专案经理的执行情况及公司的营运状况，这些也应当作为选择的考虑问题，表 1-8 所示。

表1-8　设计组织结构形式的选择

组织结构形式的选择			
组织结构	优势	劣势	典型范例
功能型组织	技术一致、项目之间保持统一、利于专业化深入和专精度开发	强调按顺序开发、较难把握项目开发方向、部门间的协调相对薄弱	单一产品或服务组织，如定制化开发项目，开发与标准设计略有变化的公司

组织结构形式的选择

组织结构	优势	劣势	典型范例
专案型组织	精力集中、资源可达到最佳分配、可在短时间内对技术与市场提出因应措施，便于在一个地方工作	项目之间联系薄弱，项目结束后，成员易流散，项目进行中几乎不能进行人员变动	创业公司、"老虎团队"及希望获得重大突破的"臭鞋工厂"、在极端多变市场中竞争的公司
轻型专案矩阵组织	明确资源和进度计划，职能部门经理保留控制权，团队领导负责专业化和精度的开发	"团队"缺少授权，存在眼高手低的错觉，行政人员过多，人力资源付出大，且易造成团队领导"受挫"	有多个产品或规划，需要依靠职能专长组织。如传统汽车、电子产品及宇航公司等
重型专案矩阵组织	任务可并行实施、成员能把握项目的方向、提供资源整合与速度利益的保留	难寻合适的"团队领导"，项目结束时，团队结构会不稳定	有多个产品或规划需要依靠职能专长组织；组织中有哪些重要任务具有特定的期限和工作绩效标准
平衡型矩阵组织	可选择实力强的职能部门处理项目，能灵活进行人员变动和配置专职人员	团队领导与职能经理权力划分不清，存在权力斗争和"扯皮"现象，个人没有明确的指导方向	有多个产品或规则、需要依靠职能专长组织

第二章
产品设计概述

第一节　产品设计的主要分类

就现代产品设计的分类方式来看，主要是从设计本体、设计的客体和设计的主体三方面进行划分的。

一、从设计本体分类

所谓设计本体，指的是设计行为或设计活动本身。按照设计本体分类，即是根据产品设计方式或过程的不同进行分类。现代企业中常常采用这种分类方式来定义本公司的产品开发与设计项目。一般可以分为开发设计、改良设计和概念设计三种，每一类别中根据具体的设计方法又可以细分为具体类别。

（一）开发设计

开发设计一般指对未曾生产过的产品进行研究、创新、设计、试制和检测等工作。开发设计并不等价于发明和发现，其通常是指在现有技术水平和生产能力的范围内，对产品进行创新性的再设计。如索尼的"walkman"相对于原来的收录机即是最典型的开发设计，其在原有技术的基础上，对收录机的使用方式进行了开拓性的创新，如图 2-1 索尼早期的录音机与 walkman。根据开发方式的不同，开发设计又可以分为：新用途开发设计、新技术开发设计、新工艺开发设计、新材料开发设计等。开发设计通常是在了解消费者需求的基础上，提高并改进现有的技术水平，并有效利用各类资源对产品进行再设计，以创造新的生活方式。

图2-1　索尼早期的录音机与walkman

（二）改良设计

改良设计是指在原有产品技术、工艺基础上进行的性能、机能或外观上的改进和改造。通常情况下，改良设计是针对产品功能、市场都已经非常成熟的产品的，市场和消费者都已经接受了产品的使用功能，有些甚至是投放市场很多年的产品，而且技术与工艺也趋向成熟。如手机、数码产品中的型号更替等，基本都是原有产品的改良产品，如图2-2。根据改良设计内容的不同又可细分为产品功能改良设计、产品性能改良设计、产品人机工学改良设计、产品形态和色彩改良设计等。此外，对于原有产品增加花色、品种、规格，或者说开发新花色、新品种、新规格、新造型、新包装等也属于产品改良设计范畴。

图2-2　诺基亚的倾慕系列手机7360、7370、7380

（三）概念设计

概念设计是指针对某一内容或问题进行创新性的概念构想，形成一种前期的设计方案，其是利用设计概念并以其为主线贯穿全部设计过程的设计方法。尽管概念设计尚未形成具体化设计纲要，但其是完整而全面的设计过程，它通过设计概念将设计者繁复的感性和瞬间思维上升到统一的理性思维从而完成整个设计。这是设计院校课程训练中经常采用的课题设计方式，许多企业也通过概念设计作为产品开发的设计储备。如图 2-3 所示伊莱克斯举办的2020 未来家居概念设计大赛中的获奖作品。

图2-3　"阳光的味道"洗衣机、软冰箱

此外，从设计本体来讲，另外一种是按照设计的具体方式和依据的理念分类的方式，包括绿色设计、通用设计、仿生设计、人性化设计、系统设计等。

二、从设计客体分类

设计客体即是指设计对象，简单地讲，就是产品设计的内容、课题和项目等。设计客体的范围是非常广泛的，几乎涵盖了与人相关的一切物，可以说，一切物都有可能成为设计的对象或目标物。但设计分类通常是针对主要的应用领域来进行的。根据具体的设计对象可以将设计内容具体化，并有针对性，这对于深入全面地研究某一领域的设计方法和理念是十分必要的。因此设计界通常采用此种分类方法来界定设计的内容和领域，如一般分为工业产品设计、纤维织物及日用品设计、机械产品及手工具设计、家用电器及电子产品设计、家具设计、包装设计、装潢设计和环境设计等。

对设计客体的认识和角度的不同，也使得分类方法存在着差异。对于设计对象中产品的分类主要有以下几种：

（1）从设计对象的形式和目的的角度出发可以分为流行产品设计、非流行产品设计和工业性建筑设计等。

（2）从客体服务的对象类别进行划分，其中包括：①以消费者为对象的产品，如家具、器具等；②以商业、服务为对象的产品，如办公设备；③以生产为对象的产品，如机床；④运输机器设备，如汽车、机车。

（3）日本设计教育家向林周太郎站在设计的对象物是整个人类的生活环境的立场上，将产品分为：①几何学的机器。这是最简单的机械，其构造是几何学的形态，如桌子和杯子等。②强度交换机。这种机械虽然包括力或能的转移，但不具备能的种类交换功能的产品，如镜头和齿轮等。③能源交换机。主要指将某种能转换成其他能的产品，如水力发电机等。④信息机器。如电话和计算机等。⑤一系列的疑似机械。如服装和体育用品等。

三、从设计主体分类

设计主体即是指从事设计的单位和个人，也就是进行设计活动的企业、部门及研究、教育单位等。尽管在设计对象上差别不大，但不同的设计主体对于设计的认知、研究层面、设计方法及理念等都存在着差别，因此设计界通常存在着"学院派"和"企业派"等区分如图2-4、2-5、2-6、2-7所示。设计是"为人造物"的活动，也是"人为造物"的活动，因此设计主体的意识、观念、逻辑、知识领域、技能、审美趣味等都会对设计产生一定的影响，主体的行为也就决定着设计的最终状态和形式。

图2-4　南京艺术学院毕业设计作品　　　2-5　考文垂大学毕业设计作品

图2-6　俄罗斯art.lebedev作品　　　2-7　飞利浦公司设计作品

从设计主体的区别来说，主要可以分为地域上的区分和职业上的区分两种。

从地域上来看，设计主体的设计行为通常受到所在地域文化的影响，而表现出当地的地方性传统特征，如北欧风格、德国的理性主义及日本风格等。这种区分通常可以从宏观上和整体上把握一个地区的设计特征或设计文化。

在职业上进行划分，则是根据设计师的行业特征来区分具体的设计活动。从总体上来看，可以分为驻厂设计师或企业内设计师、自由设计师（个人设计师）、设计团队（专业设计公司、设计院的设计师）、设计教育者（从事设计教育、培训与理论研究的设计师）及设计专业的学生等。从设计主体的职业上进行区分，能够很好地把握一个团队或组织的设计风格、特征及创新实力等。知名的企业设计团队如苹果公司创新设计团队、三星工业设计团队和宝马设计团队等；青蛙设计、美的设计和浩汉设计等则是业界具有相当影响力的专业设计公司；像法国的菲利普·斯塔克、意大利阿莱西的萨伯、蒙蒂尼和吉奥万诺尼等人既受雇于某个公司，同时也是著名的自由设计师。此外，设计院校在进行设计教育与培养的同时，也在承担着众多的设计任务，同时各种形式的研究所、设计院及工作室也是主要的设计部门，这在国内表现得尤为突出。

第二节　产品设计的一般方法

设计逐渐从艺术的领域独立出来，并向着科学的方向发展，其主要原因在于理性的分析和系统的研究在设计过程中所占的比重迅速增加，这也就离不开规范有效的设计程序和正确的设计方法——这是设计能够取得成功的基本保证。因此，世界著名企业都将此作为企业设计部门设计管理的重要内容，并作为设计人员必须掌握的基本技能和方法。诚然，设计是与人们生活方式和生产力发展水平紧密联系的创造行为，因此其程序与方法也必然随之变化与改善。人类已由手工业时代、工业时代逐渐向着信息时代迈进，科学与技术的发展使得生产方式、制作模式等都发生了巨大变化。产品设计的程序与方法也跟随时代的发展呈现出动态化、多元化、系统化、虚拟化及数字化（计算机化）等特征。

一、产品设计的一般程序

（一）关于程序

"程"的本义是指"称量谷物，并用作度量衡的总名"，引申为"规矩、法式、章程"；"序"的本义指"东西墙"，后引申出"次第、次序"的意思。由此可见，"程序"指的就是"规范的次序"，即处理事务的先后次序。做任何事情都会涉及程序问题。简单讲，程序就是指从开始到结束的整个过程和步骤，其与是否具有逻辑性和计划性无关。但具有严密的逻辑性和合理的计划性的程序则往往被作为实践活动或行为的参考和实施规范。一般来讲，设计程序即是指设计的发展过程及完成设计任务的次序。而关于设计程序的内容在设计界也存在着不同的观点和看法。

美国学者凯尔·乌尔里克与斯蒂文·埃平格指出："程序乃是将一套输入转换成输出的一连串步骤。产品开发设计程序是指企业用来构思产品、设计产品及产品商品化的一连串步骤和活动。"

清华大学美术学院柳冠中教授在《工业设计学概论》中提及："设计程序与方法中的工作程序为问题描述、现状分析、问题定义、概念设计、评价、工作程序、设计、评价、制造监督和指导、导入市场等。"

北京理工大学张乃仁教授在《设计词典》中认为："设计程序主要是指产品设计的过程和次序，包括产品的信息搜集、设计分析与设计展开、辅助生产销售及信息反馈等。"台湾地区学者陈文印认为："'设计程序'通常是非线性的，有些步骤可重叠、可重复、可循环（如探索——选择——修正）之反复（Interactive）的过程。"

综上所述，尽管众多研究者对设计程序的看法不尽相同，但基本都认同设计程序是一种创造性过程、生产性过程、计划性过程或全面性过程。设计的目的是创造性地解决问题，而其程序也就是一个解决问题的过程。而设计程序与其他科学程序不同的是在于其不仅包含了理性的分析过程，还存在着情感的直觉过程，如图 2-8。

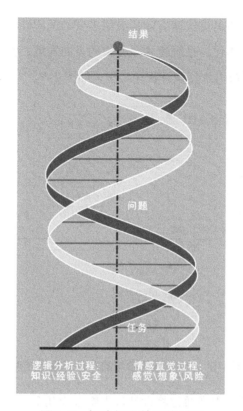

图2-8　解决问题的思维过程

　　需要注意的是，任何程序都是广大设计人员在长期的开发设计过程中不断总结完成，并随着时代的发展而不断赋予新的内容。设计程序随不同的国家、不同的企业和个人的情况而不尽相同。在实际的应用中，并没有"唯一的标准"和"公认的权威"。

　　（二）产品设计程序的一般模式

　　由于现代设计生存的企业管理环境、技术支撑环境、社会需求环境都发生了变化和重组，所以势必带来设计程序上的结构性调整甚至变革。企业设计管理部门与设计师也在长期的设计实践过程中建立起相应的设计程序模型。传统设计程序通常为线形发展模式，即前后的连续性较强，具有紧密连带因果关系，下一步的结果取决于上一步的成功。而在商业化与信息化结合的今天，往往要求的是更快速有效且灵活多变的适应性设计程序系统，因此设计程序也正向立体化、系统化和全方位的方向发展，其中现代数字化技术和虚拟现实技术正被引入到设计程序之中，如图2-9。

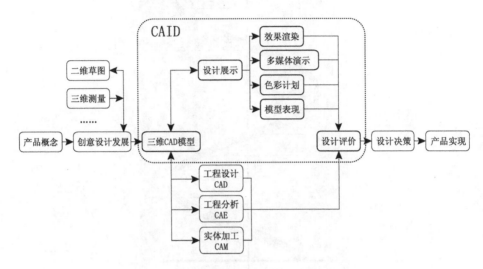

图2-9　CAID系统参与的产品开发系统流程

传统的线性设计程序通常将设计过程整合为几个彼此衔接的阶段，用来限定每个阶段的主要任务和达成目标。如上一讲中提到的五个阶段：定义问题、了解问题、思考问题、发展问题、设计与测试；或者分为研究分析、构思设想、草案设计、发展优化等几个阶段；此外，有的还分为：发现问题、创意设计、分析评价、商品化等。所有这些划分方式，都是根据具体的设计内容和设计目的进行灵活设定的，而在这些主要的阶段中又会细分为具体的步骤。如美国设计管理学院提出的产品开发程序包含九个步骤：确认、分析、定义、探索、选择、修正、规范、完成、导入（如图2-10）。而企业内在执行设计程序时，也会明确各个具体环节的工作内容和达到的目标。如开发阶段的前期活动通常分为：确认顾客需求、建立设计规格、形成产品概念、选择产品概念、测试产品概念、确定最终规格、拟订开发计划、开发产品等（如图2-11）。

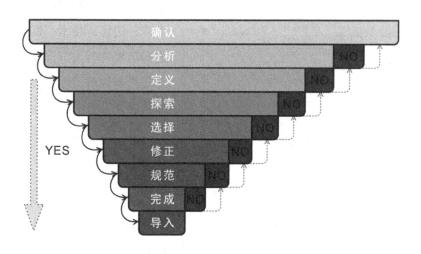

图2-10　美国设计管理学院提出的产品开发程序

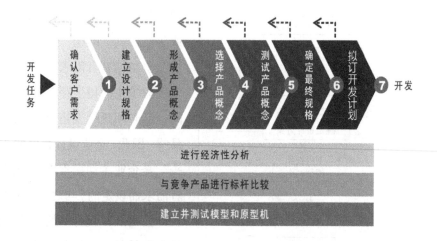

图2-11　概念开发阶段的前期活动

　　对于设计程序的选择和设置，一般与设计对象和设计主体有着直接的关系。生产企业或单位（设有独立的研发设计部门）与设计公司（以接受设计委托为主）的设计程序是不同的。设计公司的设计程序相对简单而直接，或者采用专人负责制或团队合作，一般不存在部门的交叉（如图2-12）；而企

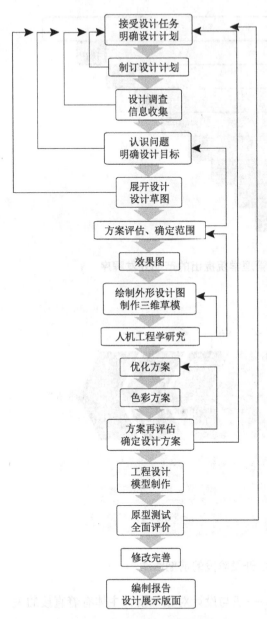

业的设计程序则相对复杂得多，生产、销售、技术、设计各部门之间需要并行展开，其中需要相互配合与调解，才能使整个程序顺利展开（如图 2-13）。

（三）具体的产品设计程序模型

如前所述，产品设计承担着将"问题概念化""概念形象化"这样一种创意与革新的工作，这也就决定了产品设计程序从"问题"开始，最终落在实际产品的"形象"上。企业进行产品开发或改良，其"问题"通常始自市场竞争与消费者需求，企业要在市场竞争中获得生存与发展的空间，就必须延续或拓展自身的产品线。因此，企业设计程序的"链头"是企业主动探索市场和消费者需求而设定的。与之不同的是，设计公司展开设计一般是从"委托"开始的，"问题"基本已经被委托企业确定或指定，而公司所要做的是对"问题"进行调研和分析，进而使"问题"转化为

图2-12 设计公司的一般设计程序

切实的"概念"。所以也可以说，设计公司设计程序一般是被动接受任务或项目而展开的。

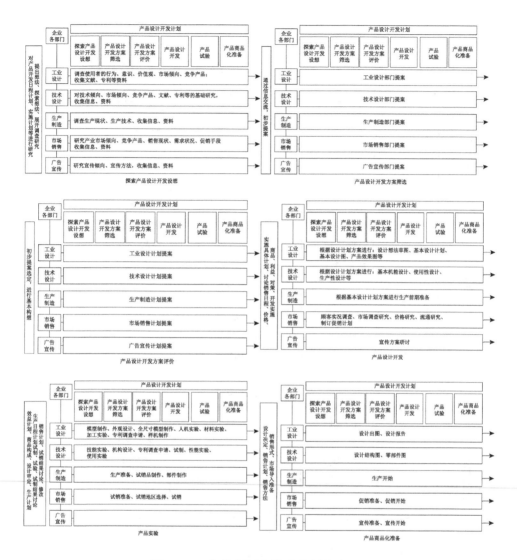

图2-13　企业各部门的阶段性任务

　　不管设计程序从哪种"问题"开始，分析问题和解决问题的方式和过程基本上是一致的，这也就使得设计程序模型得以建立，并在实际的设计过程中加以参考和应用。一般的设计程序模型都是按照设计的先后步骤来确定的，并规定每个步骤或环节所需要完成的工作或达成的目标，并提供相应的考核标准。

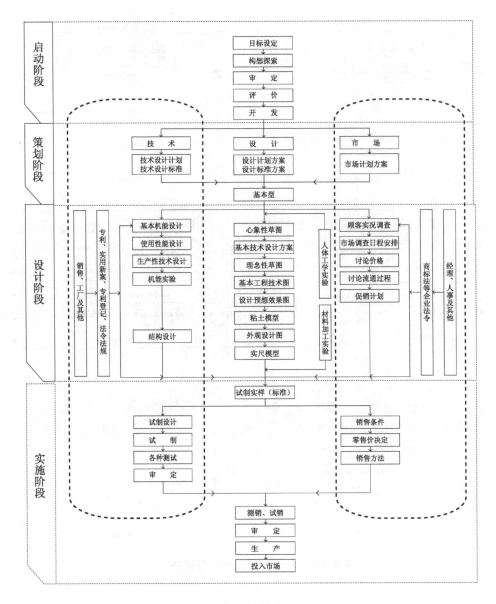

图2-14 具体设计程序模型：任务和内容

从以上模型中可以看出，设计程序存在着两个维度的内容：①时间维度的项目进度；②空间维度的部门任务。前者是对整个设计流程的时间限定和控制，也是要求在规定的时间内解决问题，将开发概念转化为实际的产品。从其处理问题的本质来看，时间维度所约束的是信息处理的过程，即如何将获取的信息用合理的方式来解决，具体的层次关系如图 2-15 所示。而后者空间维度则是针对参与设计的部门的约束，即规定了各相关部门在各阶段的具体任务，其主要有设计部门、技术部门、生产部门和营销部门等。其具体内容如图 2-16。

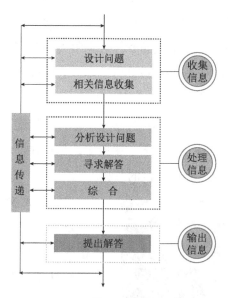

图2-15　设计的信息处理过程

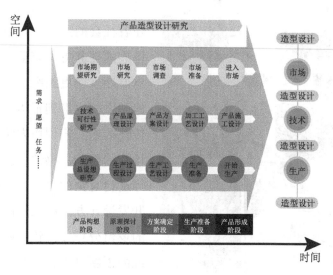

图2-16　产品设计程序的整体理解

二、所谓方法

设计是人类的基本实践活动，随着时代的进步和科学技术的发展，"产品设计"的重要性与日俱增，并逐渐从制造中分离出来，进入 20 世纪 60 年代后，"产品设计"成为直接影响产品质量、周期、成本、环境和服务的重要因素，成为产品开发、企业创新和综合竞争力的关键环节，并逐渐形成了一门新兴的综合性学科——产品设计方法学，它研究产品设计的过程、规律及设计中思维和工作方法。

方法，最初的意思是指"测定方形之法"，即量度方形的法则。现指为达到某种目的而采取的途径、步骤、手段等，是指在任何一个领域中的行为方式，它是用以达到某一目的的手段的总和。

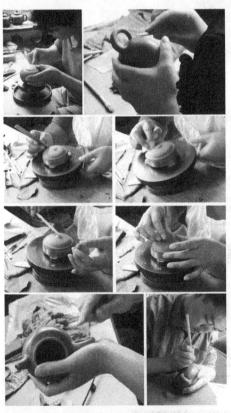

当然，无论做什么事情都要采用一定的方法。方法的正误、优劣直接影响工作的成败或优劣。所谓"事半功倍"与"事倍功半"的差别就在于方法应用得当与否。自古以来，方法就是人们注意的问题。随着社会的进步，人们认识和改造世界的任务更加繁重复杂，方法的重要性也就更加突出，所采取的措施和手段也得到根本性的更新。如传统的手工艺创作方法多是凭借设计师的经验、感觉、艺术创作灵感等进行直觉的思考；而现代产品的开发设计方法则采用的是科学严密的逻辑分析、细致的研究计算与系统的创新思维相结合的综合性方法（如图 2-17、图 2-18）。

图2-17　传统紫砂壶的简要制作工艺

以方法为对象的研究，已经成为独立的专门学科，即科学方法论。科学方法论的发展大致经历了四个时期：自然哲学时期（16世纪之前）、分析为主的方法论时期（16 ~ 19世纪）、分析与综合并重的方法论时期（19世纪40年代 ~ 20世纪中叶）、综合方法论时期（20世纪中叶至今）。其研究内容也大致分为四个层面：经验层面、具体层面、通用层面和哲学层面。而设计方法论则是在此基础上于20世纪60年代兴起的一门学科，主要是探讨工程设计、建筑设计和工业设计的一般规律和方法，它涉及哲学、心理学、生理学、工程学、管理学、经济学、社会学、美学、思维科学等领域。

设计方法论的研究通常是建立在设计实践的经验基础之上，而不同国家、地区和企业所采用的设计方法也存在着一定的差异。如德国偏重于系统化的逻辑分析，使设计的方法步骤规范化与理性化；美国则重视创造性开发及产品商业化的方法研究；日本则致力于产品自动化、人机交互关系及文化表达等方法的研究。正是由于各国采取了不同的设计方法，才使得各国形成了自己独特的设计风格。

图2-18　现代汽车设计一般流程

三、程序与方法的关系

设计程序与方法是一个完整的概念，程序决定了设计的过程和步骤，方

市场调研

1

设计定位

2

方案创意

3

评价筛选

4

工程设计

5

投入市场

6

图2-19 传统线形设计过程

法则决定着设计的措施和效果，设计程序本身就需要有具体的方法和整体的战略进行指导和支持，设计方法也必须根据具体的设计程序进行调整和变化，在不同国家、不同时期，面对不同的设计对象时也是各不相同的。如常用的有价值工程与价值创造、黑箱法、评估法等。在现代工业技术和机械化生产的条件下，程序与方法的关联性更加紧密。设计程序也由传统的线性过程（如图2-19）转化为时间、逻辑和方法三维合一的过程（如图2-20），并且并行工程和并行设计的概念在企业开发设计中的应用也愈发广泛，这也就使得设计方法向着综合性与系统化的方向发展。

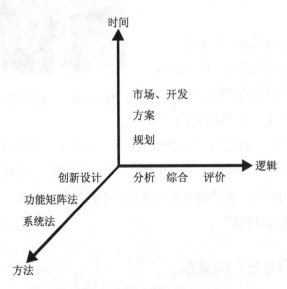

图2-20 设计方法、逻辑与时间的三维合一

从设计程序与方法的目的性来看，二者的关系表现在以下几点：

（1）设计程序呈现出发射状的多维线性关系。现代设计的交互性和并行性特征要求其程序必须打破传统的单线设计程序，即在设计之初，就要将企业的生产、销售、设计联系起来并行展开，并形成一个信息共享平台，使得设计者可以随时根据生产和市场调整设计。如图2-21，从同一个问题出发，可以选择不同的设计程序。

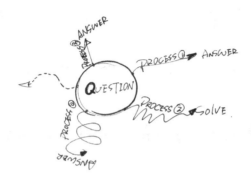

图2-21　设计程序的发散性示意图

（2）设计方法是针对具体环节和过程的措施，具有内聚性特征。任何方法都是针对具体问题的，设计方法也不例外。现代设计方法的应用贯穿了整个设计过程，如创新思维、设计分析、设计评估及市场预测等环节，都离不开设计方法的应用。如图2-22，不同的设计方法都针对同一个问题来应用。

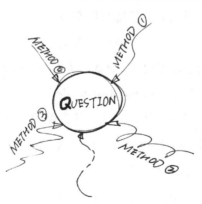

图2-22　设计方法的内聚性示意图

（3）设计程序为方法的应用提供了平台，而设计方法则保证了程序的通畅和效率（如图2-23）。

图2-23　设计程序各阶段应用设计方法

第三节　产品设计的重要理念

一、绿色设计

绿色设计是20世纪80年代出现的一股国际性的设计思潮。由于全球性的生态失衡，人类生存问题引起了世界范围的重视，开始意识到发展和保护环境、设计与保护环境的重要性。绿色设计与我们常说的生态设计概念相同，源自于人们对现代技术所引起的环境及生态破坏的反思，体现了设计师的道德和社会责任心的回归。对绿色设计产生直接影响的是美国设计理论家维克多·巴巴纳克，在20世纪60年代末，他就出版了一部引起极大争议的著作《为真实世界而设计》（《Design for the Real World》）。巴巴纳克强调，设计应该认真考虑有限的地球资源的使用问题，并为保护地球的环境服务，但是，当时能了解的人并不多。而从20世纪70年代世界范围的"能源危机"爆发，他的观点也很快得到了普遍的认同。

绿色设计也被称为生态设计（Ecological Design），其基本思想是，在设计阶段，就将环境因素和预防污染的措施纳入产品设计之中，将环境性能作为产品的设计目标和出发点，力求使产品对环境的不良影响降至最小。对于工业设计而言，绿色设计的核心是"3R"，即 Reduce, Recycle, Reuse。如图2-24、2-25，图2-26 给矿泉水瓶子穿上了外衣，使原本用过即扔的塑料瓶有了新的用途。不仅要减少物质和能源的消耗，减少有害物质的排放，而且要使产品及零部件能够方便地分类回收，并且再生循环或者重新利用。绿色设计不仅是一种技术层面的考量，更重要的是一种观念上的变革，它要求设计师放弃那种过分强调对于产品外观上标新立异的追求，而将重点放在真正意义的创新上，以一种更为负责的方法去创造产品的形态，使用更简洁、长久的造型。

图2-24　Reuse设计

图2-25　菲力普·斯塔克设计的电视机

绿色设计的主要内容包括产品制造材料选择和管理、产品的可拆卸性和可回收性设计。产品绿色设计经历了以下几个发展阶段：①工艺改变过程。主要是减少对环境有害的工艺，减少废气、废水、废渣的排放。②废物的回收再生。主要是提高产品的可拆卸性能。③改造产品。主要是改变产品结构、材料，使产品易拆、易换、易维修，使所有的能源消耗最低。④对环境无害的绿色产品设计，这点是当前设计师们正在努力的方向。

绿色设计主要有以下几方面特点：

（一）设计目标

除了要考虑功能、性质、质量等方面，还要考虑产品在整个生命周期过程中与环境和人的和谐。

（二）设计技术

除了常规设计方法外，还必须满足可拆卸、可回收、模块化设计等。

（三）设计评价

考虑从原料提炼、加工、制造、装配、包装、运输、废弃回收、重用处理等整个产品生命周期内，对环境造型的影响最小。

（四）设计流程

闭环型设计，从废弃后的回收、重用、修复、再加工，进入新一轮的产品生命周期。

（五）设计目的

兼顾产品性能需求和环保影响。

绿色设计涉及的领域非常广泛，也是现今设计领域国际流行趋势。例如，在建筑方面：绿色建筑要求在高空建筑空中花园，使人们身在高空也能呼吸新鲜的空气和欣赏大自然的风光；在装修材料方面：倡导绿色装修成为当今的一大潮流，尽量减少居室装修材料的使用量，选择尽量避免有毒物质材料，尽量使用绿色无污染环保材料；又比如在交通工具、家用电器、家具等设计方面：特别是交通工具（汽车）的绿色设计倍受设计师的关注，因为交通工具是空气和噪声污染的主要来源，同时也消耗大量的宝贵资源。绿色设计将成为今后工业设计发展的主要方向之一。废弃物回收再利用曾是绿色设计的典型方法。

进入 21 世纪，人类社会的可持续发展将是一项重要的课题，绿色设计必然会在重建人类良性的生态家园的过程中发挥关键性作用。

二、仿生设计

仿生设计（Design Bionics）也是当今国际上的流行设计趋势，广泛应用于材料、机械、电子、环境、能源等设计与开发领域。仿生学是以模仿生物系统的原理来构建技术系统，使人造技术系统具有或类似生物系统特征的学科，它不是纯生物学科，而是把研究生物的某种原理作为向生物索取设计灵感的重要手段。大自然生物中存在许多丰富多彩的外形、巧妙的机构、结构和系统工作原理，值得设计师去研究和探索。

仿生设计学，是以仿生学和设计学为基础而发展起来的一门新兴边缘学科，由于时代的发展人们对精神享受的要求越来越高，所以实际上是在仿生学的基础上更多地关注设计美学的成分。仿生设计学研究范围十分广泛，涉及自然科学和社会科学的许多学科。仿生设计，是以自然界万事万物的"形""色""音""功能""结构"等为研究对象，对它们进行细致、深入的观察研究并找出其规律，再有选择地将这些特征原理应用于设计过程中，同时结合仿生学的研究成果，为设计提供新的思想、新的原理、新的方法和新的途径，如德国设计师克拉尼依据空气动力学原理进行的仿生设计作品。但是，仿生设计并不只是简单模仿生物形态，尤为重视运用工业设计的艺术与科学相结合的思维方法，从人性化的角度，不仅在物质上，更是在精神上追求传统与现代、自然与人类、艺术与技术、主观与客观、个体与大众等多元化的设计融合与创新，体现辩证、唯物的共生美学观。

作为一门新兴的边缘交叉学科，仿生设计学是设计学和仿生学的综合，同时它也有着独立的学科特点。当前，仿生设计主要包括以下几种形式：

（一）形态仿生设计

形态仿生设计是对生物体的整体形态或某一部分特征进行模仿、变形、抽象等，借以达到造型的目的，其研究对象是生物体和自然界物质存在的外部形态。这种设计方法可以消除人机的隔膜，对提高工作效率、改善工作心情有重要作用。如图 2-26 青蛙公司的设计哲学是"形式追随激情"，因此他们的设计具有一种幽默的风格。这款儿童鼠标，看上去就像一只真老鼠，诙谐、惹人喜爱。

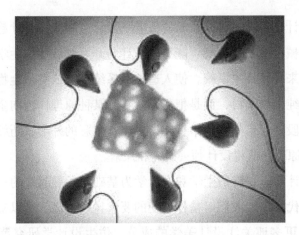

图2-26　德国青蛙公司1992年设计的儿童鼠标

形态仿生设计又分为具象形态仿生和抽象形态仿生两种。具象形态是透过眼睛构造以生理的自然反应，诚实地把外界之形映入眼睛，刺激神经后感觉到存在的形态，它比较真实地再现事物的形态。人们普遍乐于接受具象形态具有较好的情趣性、亲和性、自然性、有机性。它们在玩具、工艺品、日用品中应用较多，例如灯具设计作品 Lets Peel Eggs，设计师的设计灵感就来源于剥开壳的鸡蛋造型。很多工业产品不采用具象形态是由于某些具象形态的复杂性。抽象形态就是提炼物体的内在本质特征。抽象形态作用于人时，会产生"心理"形态，这种形态必须是生活经验的累积，经过联想和想象把形浮现在脑中，属于高层次的思维创造活动。具象转化为抽象的过程需要融入人的主观感受。抽象后的形态既带有自然美也包含了人们对于生活的感悟，显示出一种含蓄的美，因此更加具有艺术感染力。另外，具象转化为抽象的过程中可以融合各种生物的特征。经过抽象后的形态已经看不出具体原型的生物形态的特征，如图 2-27，来自于设计师 Victor Aleman，运用了壳体的螺旋形式符号，这种螺旋形式在建筑中也经常被使用。

图2-27 家具Loopty Loop Loopita

（二）功能仿生设计

功能仿生设计主要研究生物体和自然界物质存在的功能原理，并用这些原理去改进现有的或建造新的技术系统，以促进产品的更新换代或新产品的开发。悉心观察自然的人会知道为了适应生存环境，动植物的某些方面的功能，实际上远远超越人类自身在此方面的科技成果。生存在自然界中的各种动植物能在各种恶劣复杂的环境中生存和运动，是因为其运动器官和形体与恶劣复杂环境斗争进化的结果。植物和动物在几百万年的自然进化中，不仅适应自然，而且其进化程度接近完美。在科技迅速发展的今天，学习和利用生物系统的优异结构和奇妙功能，已经成为技术革新的新方向。

（三）结构仿生设计

结构仿生设计主要研究生物体和自然界存在的内部结构原理在设计中的应用问题，适用于产品设计和建筑设计（如图 2-28）。人们在仿生设计中不仅是师法大自然，而且是学习与借鉴它们自身内在的组织方式与运行模式。有的结构精巧、用材合理，符合自然的经济原则；有的甚至是根据某种数理法则形成，合乎以"最少材料"构成"最大合理空间"的要求。例如，蜂巢由一个个排列整齐的六棱柱形小蜂房组成，每个小蜂房底部由 3 个相同的菱形组成，这些结构与近代数学家精确计算出的菱形钝角和锐角完全相同，是最节省材料的结构，且容量大、极坚固。人们仿造其结构用各种材料制成蜂巢式夹层结构板，强度大、重量轻、不易传导声和热，是建筑及制造航天飞机、宇宙飞船、人造卫星等的理想材料。

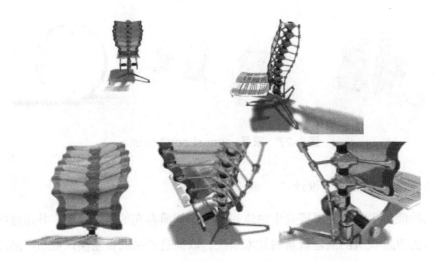

图2-28　模仿人体的脊椎骨骼结构设计的座椅

三、交互设计

交互设计（Interaction Design）作为一门关注交互体验的新学科在20世纪80年代产生了，它由IDEO的一位创始人比尔·摩格里吉在1984年一次设计会议上提出，他一开始给它命名为"软面（Soft Face）"，由于这个名字容易让人想起和当时流行的玩具"椰菜娃娃（Cabbage Patch doll）"，他后来把它更名为"Interaction Design"，即交互设计。从用户角度来说，交互设计是一种如何让产品易用，有效而让人愉悦的交互设计技术，它致力于了解目标用户和他们的期望，了解用户在同产品交互时彼此的行为，了解"人"本身的心理和行为特点。同时，还包括了解各种有效的交互方式，并对它们进行增强和扩充。交互设计还涉及多个学科，以及和多领域多背景人员的沟通。

人机交互（Human-Computer Interaction, HCI），就是人与机器的交互，本质上指人与计算机的交互，或者可以理解为人与"含有计算机的机器"的交互。人机交互研究的最终目的在于探讨如何使所设计的计算机能帮助人们更高效、安全地完成所需的任务（如图2-29）。

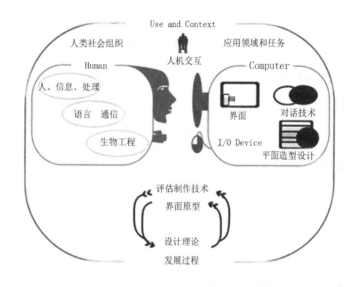

图2-29　人机交互系统

20世纪90年代以来，随着高速处理芯片、多媒体技术和互联网技术的迅速发展和普及，人机交互的重点转移到了智能化交互、多媒体交互、虚拟交互及人机协同交互等方面，也就是转移到"以人为中心"的人机交互技术方面，如图2-30。人机交互领域是一个科学技术转化为生产力的重要领域，人机交互的发展，技术与设计的成熟必然意味着巨大的市场。当先进的人机交互技术应用于电子产品、通信设施、机械设备、交通工具、人工智能、多媒体、安全防范及武器现代化时，将会对科学技术、生产领域、国家安全，社会的工作和生活方式产生深远影响。企业决策者在考虑自己的产品战略时需要更加重视人机界面这一渗透各个产品的因素。产品设计人员也应该在新产品开发过程中，进一步从人机交互方式的角度来探究新产品的可能性。

图2-30 以用户为中心的设计过程是一个循环过程

交互设计的本质是使人超越机器，让机器服务于人，进而使人们通过产品和服务形成互动和交流。这里从组成交互设计的几个主要元素来分析交互设计的特点。

（一）行为

一连串的动作构成行为，而行为又分为人的行为和产品的行为，对一系列行为的设计是交互设计的重点。

（二）空间

空间提供了交互的环境，例如星巴克在空间设计上十分到位，从购买咖啡到享受咖啡，各区域各有不同而且井然有序。

（三）时间

对节奏的控制非常重要，例如设计一款 MP3，那么对于其电池的持续时间和寿命也是交互设计应考虑的范畴。

（四）外观

用户对产品的感知主要受外观和肌理的影响。

（五）声音

声音对于交互体验也十分重要，例如在收邮件时我们不需要每次都听到很大声音，但是对于救护车来说，声音过小就失去了意义。

交互设计的主要内容包括以下几点：

（一）数据交互

数据交互是人通过输入数据的方式与计算机进行交流的一种方式，它是人机交互的重要内容之一。其一般的交互过程是：首先由系统向操作者发出提示，提示用户输入及如何输入，接着用户将数据输入计算机；然后，系统响应用户输入，给出反馈信息；同时，系统对用户输入进行检查，如有错误向用户指出，让用户重新输入。不同的数据输入形式也决定了数据交互的不同方式。这里的数据，可以是各种信息符号，例如数字、符号、色彩及图形等。

（二）图像交互

科学研究表明，人类从外界获得的信息有 80% 来自于视觉系统，也就是从图像中获得。所以，对于图像交互的研究和探讨是交互设计中的重要内容之一，其对于产品设计的创新也有引导作用。图像交互的应用领域广泛，如人脸图像的识别、手写交互界面、数字墨水等。图像交互，简单地说就是计算机根据人的行为，去理解图像，然后做出反应。在这里，让计算机具备视觉感知能力是首要解决的问题。

（三）语音交互

语音一直被公认为是最自然流畅、方便快捷的信息交流方式，在人们的日常生活中，沟通大约有 75% 是通过语音完成的。研究表明，听觉通道存在许多优越性，如听觉信号检测速度快于视觉信号检测速度。因此，听觉通道是人与计算机等信息设备进行交互的最重要的信息通道。语音交互就是研究人们如何通过自然的语音或机器合成的语音同计算机进行交互的技术。它涉及多学科的交叉，如语言学、心理学、人机工程学和计算机技术等，同时对于未来语音交互产品的开发和设计也有前瞻式的引导作用。

（四）行为交互

人们在相互交流过程中，除了使用语音交互外，还经常借助于身体语言，即通过身体的姿态和动作来表达意思，这就是所谓的人体行为交互。人体行为交互不仅能够加强语言的表达能力，有时还能起到语音交互所起不到的作用。人机的行为交互是计算机通过定位和识别人，跟踪人的肢体运用、表情特征，从而理解人的动作和行为，并做出相应的反馈过程（如图 2-31），只要将手放上去，它就会自动点亮，手向上移动，亮度增加，向下则变暗。

图2-31　来自Mathmos的灯具设计Airswitch

第三章
产品设计的基本要素

第一节　产品设计中人的因素

产品设计的核心因素是人。产品是面向大众或某个社会群体的，具有普遍的社会性。这决定了设计不是设计者的个人行为，而是由多种"人"决定的社会行为。由于不同的人群有着不同的知识结构和思维方式、各异的文化品位和观念角度，从而对设计的影响作用也各异。从决定设计的影响因素来看，设计中的"人"主要有四类，如图。

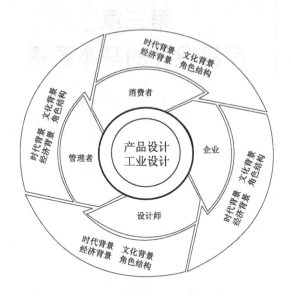

图3-1　产品设计中人因的主要内容

一、产品的消费者或购买者

消费者的需求是产品存在的基石，消费者的认同是产品设计成功的最根本决定因素。这也是"以人为中心的设计"中"人"的所指内容。诚然，产品最终是属于消费者的，而消费者之所以购买产品在于产品具有相应的使用价值或功能。因此，消费者是产品的最终评价者与决定者。设计要获得成功，就必须研究潜在消费者在某一生活领域的文化品位特征，依靠现实情况来区分有效的目标群，然后研究群体形成的根本原因，从他们的文化背景、生活经历、经济状况和现在的社会角色扮演中寻找存在的问题和需求，从他们的视角去定义产品的设计问题，最终用生产的产品来营造他们的个性化生活，这才算是人本主义的设计文化。

二、产品生产提供者

产品生产提供者其实指的就是企业。企业是产品实现的保障，企业决策是产品设计开发的前提条件。设计不只是停留在构思和想象阶段的理念，现实中，从来就没有一般意义上的产品设计，其商业属性先天就决定了设计的企业归属。可以说，产品首先是属于企业的产品，企业的技术水平、综合实力、文化和风格、竞争方向等都影响并制约着产品的最终形式。因此，产品设计开发必须满足企业赢利的目的，才能够获得企业的支持。

三、设计者

产品是属于设计者的"作品"，设计者是产品形式的创作者，不同的设计者意味着不同的设计结果。设计者的个人修为、学识和对事物的理解，都对设计的最终结果产生影响。当然，在设计过程中，设计者不得不考虑其他三者的需求和限制，并选择最佳的方式来获得平衡，通过对形态、功能、材料与工艺等内容的风格化处理完成最终的设计。所以说，设计者是设计的执行者，也是平衡各方需求矛盾的调节者。

四、设计管理者

设计的效果预想、方案的最初确定及选择什么样的设计师等工作都是由设计管理者来完成的。设计管理者的思路是产品设计获得成功的关键因素，设计管理者是联系企业与设计师的桥梁和纽带，可以引导设计者快速而有针对性地认识企业并步入企业的设计角色，并根据企业的发展方针确定相应的设计战略，从而保证设计能够继承并延续企业属性。所以，设计管理者的观念和对设计的理解直接影响着最终的评价结果，而这种理解是建立在管理者自身的历史背景、性格特征、经济实力和角色特征等之上的。

以人为中心的设计作为当今设计界与消费者孜孜追求的目标，带有明显的后工业时代特色，是工业文明发展的必然产物。仅从工业设计这一范畴来看，大至宇航系统、城市规划、建筑设施、自动化工厂、机械设备、交通工具，小至家具、服装、文具及盆、杯、碗筷之类各种生产与生活所联系的物，在设计和制造时都必须把"人的因素"作为一个首要的条件来考虑。随着产品的结构和功能越来越复杂，提高操作的效率和使用的宜人性的要求成为设计的任务之一。

以人为中心的设计，主要表现在以下几方面的特征：

（一）以人为中心的设计是建立在人的需求和人的行为基础之上的

设计的目的在于满足人自身的生理和心理需要，需要成为人类进步的原动力。而要切实做到"设计为人"就必须要了解人，了解客户，并对用户的需求和行为进行科学的、理性的分析研究。美国行为科学家马斯洛提出的需求层次论，将人类需求从低到高分成五个层次，即生理需求、安全需求、归属与爱的需求、尊重需求和自我实现需求，如图 3-2。这五个层次是逐级上升的，当下级的需要获得相对满足以后，上一级需要才会产生，再要求得到满足。人类设计由简单实用到除实用之外蕴含有各种精神文化因素的人性化走向正是这种需求层次逐级上升的反映。

作为人类生产方式的主要载体——设计物，它在满足人类高级的精神需要、协调、平衡情感方面的作用却是毋庸置疑的。设计师通过对设计形式和功能等方面的"人性化因素"的注入，赋予设计物以"人性化"的品格，使其具有情感、个性、情趣和生命。当然这种品格是不可测量和量化的，而是

图3-2　马斯洛需求金字塔

靠人的心灵去感受和体验的。设计人性化的表达方式就在于以有形的"物质态"去反映和承载无形的"精神态"。

（二）以人为中心的设计旨在调整人与技术、产品之间的关系，使产品和技术适应人，而不是让人适应产品

传统的设计观念通常强调对产品或设计对象本身的形态、功能和结构等内容，尽管也是为人而作的设计，但结果却要求人去适应产品（或机器），从而造成《摩登时代》影片中人与机器的矛盾。以人为中心的设计则是尽量使产品能够完美地融入人的使用行为中，并以一种人们容易理解的方式来支持这种行为。如遥控器面板上按键的设计，应通过色彩、大小和形式的变化来区别各种操作和指示，避免只有通过说明书才能进行操作，如图3-3。因此，以人为中心的设计首先是基于人机工程学基础上的，使产品尽量满足人的使用和肢体尺度；其次是符合人的认知习惯和知觉能力，使产品尽量舒适、安全、可靠并具有高效率，如图3-4；再者是要适应人的审美心理和情感诉求，使产品能够传达高情感、高审美的"精神语义"，如图3-5。

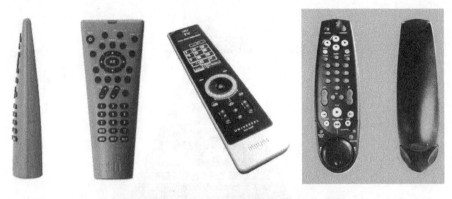

图3-3　正负0公司、飞利浦的遥控器设计

图3-5　不同产品对"情感"的传达

图3-4　DeWALT公司电动工具的操作情况

（三）以人为中心的设计所针对的"人"，不是固定的群体，而是根据设计内容确定的动态对象

传统设计通常从"设计什么"开始，而现代设计展开之初首先要确定的内容是：为谁设计。不同的"人"有着不同的需求，因此设计必须要满足适当人群的需求，如老年人、青年人、儿童之间的需求差异；不同收入人群的差异；男性与女性的差异，如图 3-6；健康人群与残障人士的差异等，如图 3-7。这些差异或是明显，或是细微，但都对设计的成败起着重要作用。

图3-6　芬兰marimekko公司的女士背包　　图3-7　瑞典playsam公司的儿童玩具

以人为中心作为一种设计理念，看似简单，而执行起来却并不容易，设计不是简简单单的选择题，而是一项综合性的行为。一件产品最终要转化为人们能够使用并乐意使用的用品，在其设计过程中不是只考虑人的因素就能够完成的，而必须能够平衡生产、营销、管理及设计等各方面因素。

第二节 产品设计中的环境因素和功能要素

西方有学者曾将设计问题表述为"通过内部环境的组织来适应外部环境的变化"。这里的"内部环境"和"外部环境"分别代表了可能性和限定性，前者是"一些可变通的元素及其组合"，如现有的原理、技术、工艺、结构、材料、资源、成本等，后者是"一组变化的参数"，如人的目的、环境要求等。

这样的描述也非常确切，因此，可以这样理解：设计活动存在于"内部环境"和"外部环境"的交界处，如果用内部因素和外部因素分别替换内部环境和外部环境，那么，产品设计活动就发生在内部因素与外部因素相互作用的"关系"中，它在二者之间寻找着相互适应，首先了解外部需求与限定，然后组织内部结构，再接受外部的评估、反馈，然后修改内部，如此循环往复，直至得到满意的结果。

产品的功能是工业产品与使用者之间最基本的一种相互关系，是产品得以存在的价值基础。每一件产品都有不同的功能，人们在使用任何产品中获得的需求满足，就是产品功能的实现。产品功能依据不同的标准可以从不同角度的分类。按产品功能的性质可分为物质功能和精神功能两方面。运用功能的观念，可以使产品对人类的意义更加积极和显著，对于不同产品，这些功能所表现的优先次序和重要程度不尽相同。设计师在产品设计的实际过程中需要通过深入的调查分析，真正了解并掌握各消费层面的不同心理倾向和他们的社会价值观念，恰当运用设计语言以实现应有的功能特征。

第四章
产品造型的形式美法则

　　如果我问——什么是美，你一定觉得这是个挺抽象的问题。其实不仅是我们，历代美学家都认为这是一个难以确切回答的问题。因为美是具有多层次、多方面联系的概念，而且又是主观和客观相互作用的产物，每个人所获得的审美信息不同，产生的感受也是有差异的，因此美又具有一定的相对性。美学是研究美的存在、美的认识和美的创造为主要内容的学科。具体到工业设计来说，工业产品的美一般具有两个主要特征：一是产品以其外在的感性形式所呈现出来的外在的形式美；二是产品以其内在结构的和谐、秩序而体现的内在美。在产品造型设计中，只有把这两个方面有机结合起来，才能实现真正的产品造型的美。我们主要通过对工业产品造型的形态、色彩、技术三个方面的美学法则介绍，使大家对工业设计中的"美的规律"有一个初步的认识。

第一节　产品造型的形态美学法则

　　产品的形式设计是工业设计师依据功能所做出的创造性活动，每一种新的产品形式产生就意味着含有一定的形式意义。就单纯的形式美而言，它不依赖于其他内容，因此，德国哲学大师康德称之为自由的美，狄德罗则称之为绝对的美和独立的美。但是，产品设计的形式美却是依存美，确切地讲产品设计的形式只有与效用功能、操作功能紧密地结合在一起，方能称为设计形式美。

　　学习工业设计美学知识的第一步，就是对工业产品造型的形态美的认知，此处所介绍关于美的规律性法则实际上是要告诉大家，艺术创造之美是用我们的智慧对生活中自然美进行历练的过程，是一种公认的基本规律。在产品设计中当然也不例外，要根据所处的情况、条件与对象的不同而灵活运用它。

下面我们来认识四种主要的形态美学规律。

一、统一与变化

通常在生活中，人们对产品的审美功能有着既要求多样性，又要求统一性的心理需求，而消费者有需求就是我们学习的目标。我们所说的统一性是建立秩序美、和谐美的基础，但如果只有统一性而缺乏变化，又会引起单调、乏味的感觉。因此，统一中注入变化，才能强化产品造型"美"的感觉，带给人愉悦的体验。

（一）统一

由于在产品造型设计中造型美的要素是多方面的，要在其中寻找它们的共同点，以形成整体的设计风格较为困难。我们只需要突出造型要素的主调，也即是对整体观察方法的灵活运用，就可以取得统一的视觉效果。例如，形式和风格的统一等。以下介绍几种可以在变化中求统一的方法。

（1）调和统一。在造型设计中，突出形、色、质等方面的共性，容易得到统一、完整的效果。所谓的调和主要包括以下方面：

①比例尺寸的调和，即指造型各组成形体的比例尽量相等或者接近。

②线形风格的调和，指造型物主体的轮廓几何线形要大体一致。如果以直线造型为主，那么主体以直线为其轮廓，直线间的过渡采用圆角或折线也应统一。如果以圆弧线为主，则主体也应以曲线为其轮廓，而过渡部分的圆弧或者曲线也应与主体相呼应，从而达到整体的线形风格的协调和统一。（图4-1）

③结构线形的调和，结构线形是指造型物外露部件连接所构成的线形。如果结构线形与主体轮廓线不协调，就会给人零乱琐碎的感觉，缺乏

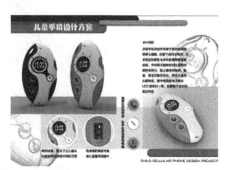

图4-1　儿童手机设计方案，是澳大利亚璇滨科技大学工业设计专业的刘鹏设计的。

统一、和谐、简洁、明快的线形风格。（图4-2）

图4-2　休闲自行车设计方案，是澳大利亚璇滨科技大学工业设计
专业的路遥设计的。

④零件、辅件线形风格的调和，一件产品除整机的主要轮廓线需要调和之外，其他与之相配的辅件也要相互协调。例如，以小圆角、直线为主的造型产品，在选用手把的辅件时也应该与主件的线形风格协调一致。图 4-3 是一款运动型 MP3 整体机身为椭圆造型，机身上的显示屏、按键也都采用了椭圆这种基本造型元素。

图4-3　运动型MP3设计

⑤系统线形风格的调和，当产品由若干个部分配套组合构成一个系统时，该系统的造型风格也要大致统一，以免造成系统线形的紊乱，破坏系统的整

体感觉。图4-4采用简洁、现代的方形。

图4-4　Philip的家庭影院系列

　　⑥分隔和联系的调和，在处理工业产品的大平面造型（例如客车车身设计）时，为了加工工艺的简便，外观造型不单调呆板，无论有没有功能要求，经常采用分隔的方式来增加装饰线（面），以满足上述要求。应用中要注意寻求分隔中的联系，使之具有统一调和的视觉感。图4-5分隔调和的方式不仅在处理大平面造型时经常用到，而在一些箱包和鞋等物品的设计时，也经常可以看到。这款运动鞋主色调采用深灰色，在其表面运用抢眼的绿色装饰线条进行分隔。

图4-5　用分隔调和方式设计的运动鞋

⑦色彩的调和，色彩的对比与调和是工业产品色彩处理最常用的配色方法，也是工业产品完美的造型，取得既有变化又统一的重要手段。

（2）呼应统一。呼应是指在造型物的不同部位上，利用"形""色""质"的某些相同或者相似的处理方法，以产生心理上和视觉上的联系以及位置的相互呼应。这种呼应能使造型物取得和谐、均衡、统一的视觉效果。图4-6展示的是工具刀的刀口和把手两者之间的弧形线条相互呼应关系，让整个产品风格感觉整体、一致。这款设计也是2003年红点的获奖作品之一。

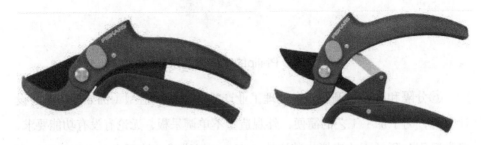

图4-6　用呼应统一法设计的工具刀

（3）过渡统一。过渡是指在造型物的两个相邻面或者形体之间，用另一种面或形体来联系二者，使其结合处渐渐产生"形"的转化，以取得自然和谐的造型效果。

（二）变化

造型设计中的变化是非常丰富的，它主要体现在形、色、质等的层次差别等方面。根据条件、环境和消费心理等的不同，要灵活运用变化在造型中的魅力，从统一中求变化来认识它们。

（1）加强对比。对比是指造型中的构成因素差异的程度。对比具体表现为相互作用和衬托，鲜明地突出各造型因素的特点，不过这种对比形式只存在于同一性的差异之中，如体量的大小、形状、轻重、虚实，线条的曲直、方向，色彩的冷暖、明暗，质感的粗细、优劣等。下面几种对比手法很具代表性：

①形状对比，主要表现在形体的线形、方向、曲直、粗细、长短、大小

及高低、凸凹等方面。图4-7这是日本设计师设计的一款手表，造型简洁明了，严肃的方形和活泼的圆形形成了巧妙的对比关系。

图4-7　用对比手法设计的手表

②排列对比，是利用各种造型元素，在平面或空间的排列关系上，形成繁简、疏密、虚实、高低的变化，使造型达到变化协调、自然生动的目的。图4-8是建筑设计师Andres Comfort设计的Q-BA-MAZE，灵感来自祖父的木头大理石迷宫，这一种是模块化的玩具，利用各种排列组合的方式可以构成不同的空间关系。

图4-8　Q-BA-MAZE

③色彩对比，利用色彩的浓淡、明暗、冷暖、轻重等对比关系，可以突出造型重点，给人以新颖、悦目的视觉效果。图4-9是在色彩的处理上运用对比的方法，活泼、悦目。

④材质对比，主要表现为天然与人造、有纹理与无纹理、有光泽与无光泽、

细腻与粗犷、硬与软等。利用这些质感特点，可以表现造型物的稳定感、亲切感，突出主从关系和虚实关系，并能丰富产品造型的表面装饰效果和加强其整体的统一与变化，使造型获得更好的艺术效果。图4-10是设计师 Steve Watson 设计的茶杯，洁白的瓷杯和核桃木的底座在材质上形成对比。

图4-9　韩国的情趣化小产品设计

图4-10　茶杯

（2）突出重点。我们都知道，强化产品某部分的表现就能做到突出重点的作用。在造型设计中，还需要注重形、色、质等造型要素的客观规律。例如在色彩处理上，如果以淡色为主色调，再辅以少量重色，这样就会明显强调出重色调的部分，如再将形和质予以强调，则该产品自然会让人觉得生动。图4-11是澳大利亚璇滨科技大学工业设计专业的刘鹏设计，左图的色彩方案突出了车身的主体部位，造型显得更加生动。

图4-11　城市自行车设计方案

二、对称与均衡

这对近义词清晰完整地体现了稳定的信息。工业产品由于受到生产技术、成本、大众审美等方面的影响，它的造型设计及纹样装饰处理，大都持有某种对称状或者均衡状，是以静态平衡形式为审美形式特征的。从传统的手工艺品到现代的工业产品，在追求静态平衡形式这一点上基本一致。画家、雕塑家们可以在艺术创作随性而作，不拘形态，而产品设计是以实用及生产功能为之的艺术造型形式，过分的形式冲突不利于组成和谐宁静的生活或生产环境，这就使得我们产生了独特的审美语言。那绝不是静止和死板，而是在追求稳定、平衡的前提下研究各种变化统一的规律。对称与均衡是其中的两种基本形式，它们通过不同的途径，追求宁静、完美、和谐的格局。

（一）对称

对称是一种统一甚于变化的格局形式，假设有一根中轴线，沿该线左右展开或者上下展开的图像同形同量则称为完全对称形式。

对称的常见表现形式有左右对称、上下对称、三角对称或四角对称等，其中左右对称最为常见。图 4-12 江南大学设计学院刘俊哲设计的采用左右对称的造型。

图4-12　两款液晶电视机设计方案

（二）均衡

均衡是指造型物各个部分之间前后、左右的相对轻重关系给人的整体印象。这种体量关系，而不是指它们的实际重量。由于它包含的造型元素，如形、色、质的不同，在视觉上产生的一种相互的分量关系。所以在产品造型设计中，除了要考虑实际的均衡，更要考虑视觉上的平衡。

均衡的常见表现形式有同形同量平衡和同形不同量平衡两种。图4-13是江南大学设计学院的刘俊哲设计的，造型虽然采用不对称的形式，但是设计师从左右高度和厚度的变化中，寻求一种视觉上的平衡感。

图4-13　液晶电视机设计方案

三、重心与比例

（一）重心

如果说平面设计中的"重心"指的是一种视觉反应的比拟，那么立体产品形态设计的稳定感则与形体重心密切相关。

立体产品形态包括直立的、悬挂的、佩戴的等形式，这些产品按照使用性能不同，又分为固定的、半固定的或者非固定的若干种形式。直立式的，如家用电器、室内家具、办公用具等；悬挂式的，如吊灯等；佩戴式的，如首饰等。这些产品中，有的只需要放置，无须固定，如大多家用电器、家具等都属此类；有的甚至还强化移动功能，如吸尘器、转椅等；有的产品属于固定式，如壁灯、路灯、建筑构件或公共场所内的室内设计等；有的则属于半固定式，如悬挂式结构、插入式结构、别夹式结构等临时固定于某一点又随时可以移动的产品，如挂衣架等。无论安放形式怎样变化，这些产品对重心稳定程度都有一定的要求，毫无疑问，大型的、直立式的产品中心要求甚高，大而平稳的底平面对于使产品的重心降低和提高稳定性有很好的作用；佩戴式的产品体积小、重量轻，因此对重心要求比较低，平面形态可以任意变化，但厚度不能过厚（如图4-14，江南大学设计学院郁波）；悬挂式产品由于承力点位置转换，重心问题似乎不存在，但在视觉和心理上的影响仍然成立，一般来说，悬挂式产品在结构上要求绝对可靠，同时也要考虑重心求稳，以避免安全隐患对使用心理造成的压力（如图4-15，澳大利亚璇滨科技大学工业设计专业，刘鹏）。

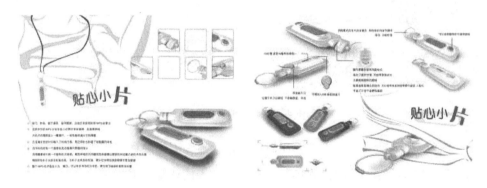

图4-14　"贴心小片"MP3设计方案

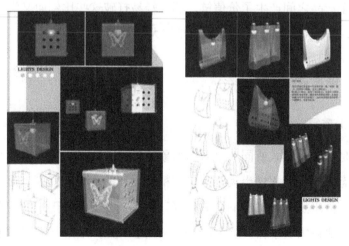

图4-15　灯具设计方案

制作中注意，过分的稳妥的设计也会使产品显得老化、单调和笨拙。

（二）比例

比例包含两个方面的内容，一是产品与人之间的比例（图4-16），这一比例在现代设计理论中已经发展成为系统的"人机关系"科学，究其根源，则仍是造物中的比例尺度原则；二则是产品自身各部分的比例，其中最典型的代表就是所谓的"黄金比例"的沿用，比例的规律实际上是形态理想尺度的数量归纳，是千百年来造物经验的总结。

图4-16　SONY F717

比例是一种抽象的语言，我们很难量化地告诉你怎样就可以达到合适的比例，它是通过个人的积累形成的独立的对美的认知。但如果比例失调，则会给产品形态带来严重缺陷。很多产品已经形成了约定俗成的比例，常年的积累使其于产品之间产生了价值链。倘若轻易打破这些比例而又没有采用合适的调整，那么对产品形态的影响将是很大的。

四、重复与节奏

（一）重复

重复是指同一形式或同一色彩的形象或形象组合多次出现，或并列于某一产品形态表面，或相继出现于某一被精心设计的环境空间等，形成强调、加深印象，突出主题和构成韵律效果等，尤其是在变化多于统一的场合，重复能够有效地强化秩序感、协调感。图4-17这一款手机的外壳采用网状结构，一个个小格可以嵌入有颜色的小方块，组成不同的图案。

图4-17　手机的外壳

（二）节奏

节奏是建立在反复基础上的渐变的，或者有节奏的起伏变化的形式，运用节奏手法能使某一主题在富于韵律美的发展中被强调，给人加深印象。在产品形态设计中，同一序列的形象单元，采用单纯的重复并列，或采用形体结构的渐次变化，或采用色彩色调的渐次变化，对比中有统一，变化中有调和，就能产生既有鲜明的形象，又有变化层次的节奏韵律之美了。

第二节　工业产品造型的色彩美学法则

虽然说工业产品主要卖的是使用功能，但人类先入为主的思维习惯确定了第一印象的重要性，而测试显示，人们在审视产品的外观质量时，首先是产品的色彩，大约占80%；其次是形体，占20%；最后是质地。由此，色彩对消费者审视产品外观价值的作用可见一斑。实际上，产品色彩的好坏，也将直接影响人们的工作情绪。优秀的色彩搭配，不仅能使产品更具美感，满足人们的审美需求，还能美化环境，使人心情舒适愉快，从而提高工作质量和效率。相反，失败的色彩处理，不但会破坏产品造型的美感，而且会使人的工作情绪受影响。从商家角度来看，优秀色彩提高产品的外观，也实实在在地提升了产品的附加价值并将增强产品在市场中的竞争力（如图4-18）。

图4-18 美观的产品

产品造型设计中有着普遍遵循的美学法则。在产品造型设计中，除了可以利用点、线、面、体、结构的不同形式，满足产品的变化与统一、对称与均衡、重心与比例、重复与节奏等美学法则的艺术效果之外，也可以利用色彩的色相、明度、纯度的对比与调和，达到同样的艺术效果。由于色彩在产品造型中具有先声夺人的作用，因此，符合美学法则规律的色彩设计将更具有开拓市场的价值潜力。

产品色彩美学法则与产品形态美学法则需要心理与风格上的统一。外形与色彩传达的情绪一致，才可以使产品散发出整体而又有秩序的感染力。而这里所说的秩序是指我们要在作品中寻找艺术的规律性，而绝非是要求非常整齐、千篇一律。秩序的本身就是和谐，这也是形式美的最高原理。

一、色彩的对比与调和

产品的几个部分可以通过不同的色彩的对比来显示各自的使用特质。但此过程绝不能将混乱色彩相互割裂，局部色彩之间既有相对独立又有有机联系，相互间组成一个协调的整体色彩秩序关系。通常，我们根据产品在实际使用中的功能特点、作业环境的条件，以及目标人群心理与产品的适应关系等因素，来确定产品的主色调，在不破坏所表达的主题和整体效果的前提下，通过对局部色彩适当的变化，通过小面积的，与主色调对比强烈的颜色，使产品的形式生动起来，为单纯的主体颜色增添生气和活力。在对比中，主体色更加舒展大方，对比色更加艳丽动人，形成一个和谐的整体。图4-19澳大利亚璇滨科技大学工业设计专业的路遥设计的，这是一件参赛获奖作品。作者大胆地运用了绿色和橙色这一组对比色，使产品显得可爱生动。

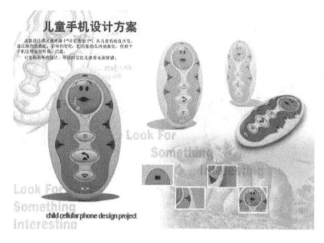

图4-19　儿童手机设计方案

二、色彩的均衡与稳定

　　色彩是有重量感的，产品色彩的均衡与稳定是利用色彩的轻重、强弱感，对产品的相应部位进行配色处理，达到视觉上的均衡与稳定的有效方法。特别是对于那些由于生产与性能的需要导致形体结构不对称、不稳定的产品，更能够显示出色彩均衡与稳定的功能。

三、配色的比例与分割

　　配色的比例是随着形状及其组合而产生的。利用色彩的轻与重、扩张与收缩等功能作用及色彩的集中与分散、整体与分割等排列布局，在视觉上，可以获得产品造型的比例美的效果。例如，当产品表面大面积的颜色单一，显得过于呆板而且不成比例时，可以运用色块或者色带进行比例分割，获得既有变化又成一定比例的造型效果。图4-20运用颜色对形体进行功能区域的划分。而对于大小不同的两个部分，利用色彩的扩张和收缩的功能作用，也可以获得比例协调的感觉；对于外形过于规则的形体，利用色彩分割在方向上的变化，则可以获得生动的感觉（图4-21运用不同的图案或者色块的划分，获得生动的造型效果。）；而对于结构复杂、外形凌乱的产品而言，利用相同的比例、相同色调的共性，可以增强产品的统一感和整体感。

图4-20　CD机设计

图4-21　相机设计

四、配色的节奏与韵律

节奏是具有时间概念的形式，这就是说，节奏意味着秩序和韵律。通常，节奏也解释为"韵律"，而色彩的节奏或者韵律就是色彩保持连续或者间隔的变化秩序，或者是色彩层次变化的规律性。由于人的基本生命体系也表现出节奏性，因此，具有节奏变化的色彩设计，可以引起人和产品的共鸣而具有美感。

　　色彩的节奏感，是由色彩属性的规律变化而形成的，表现出连续或者间断、渐变或者反复等方向性的色彩运动感。例如，将色彩按照色相从红、橙……紫进行排列，会给人以从暖到冷的感觉；而将色彩按明度从暗到亮有规律地进行组合，则会给人从重到轻、从进到退、从近到远的运动感；将色彩按纯度从浑浊到单纯进行组合，会让人产生从退到进、由隐到显的运动感。色彩的这种运动的规律性，就是色彩的节奏和韵律。

　　因为色彩的节奏和韵律表现出色彩的一种秩序美，在现代工业产品的造型设计中，往往利用色彩的节奏和韵律感与线和形的变化相互结合，获得过渡流畅、衔接自然的整体感，或者获得活泼、生动的新颖效果。

五、配色必须突出重点

　　工业产品设计中，有些功能性需要将其醒目的突出，以达到强化卖点的作用，形成吸引人的视觉中心，也使产品在形式上具有生动感和新鲜感。一般来说，产品的重点颜色应该选择与整体色调成对比的调和色或者比整体色调更艳丽、更强烈、关注度更高的颜色。产品重点色的配置同时也应该利于整体色彩的平衡与协调，一般配置在产品的主要功能部位。图 4-22 两件产品在颜色处理上，都采用了明度较高的颜色突出把手部位。

图4-22　把手设计

第三节　工业产品造型的技术美学法则

当代科学技术的发展通过对人类生产活动的变革，从而改变了人们的生活方式，也影响着人们的审美观，并且使人们开始认识和发现一种独具价值的技术之美。技术美主要指机械工业技术的美，也包括手工技术之美。技术美是随着时代的发展而产生的一种新的美的形态，它是通过技术手段把形式上的规律性、内容上的目的性相统一，使之成为工业产品的感性直观。技术美是通过与其他的诸多因素相互作用而形成一个有机整体，不是各个因素简单相加，而是综合地交织在一起，最终获得一种创造性的综合的美的感受。

一、功能美

一般而言，人们设计和生产产品，不外乎有两个基本要求，一是产品本身的功能，二是作为产品存在的形态。功能也就是它的使用价值，是产品存在的最根本的属性，有用性即功能是第一位的。由于实用价值能满足人们生存的需要，合乎人的目的性，使人感到满足和愉悦，进而体验到一种美，即功效之美。在产品的设计与生产中，功能与美是联系在一起的。

图4-23　餐具设计方案

产品的功能之美，是通过物质材料的特征实现功能并同时传达着内在精神层面的感性之美。它受工业产品特性的影响，成为实用物质于精神感性的完美结合。

建筑师沙利文当年提出"形式服从功能"的口号，从产品设计的本质而言，形式服从功能是正确的，但这样的见解是基于对形式与功能二者内在的割裂。其实，功能与形式是相辅相成的统一体。一个合理地表达了功能的形式也应当是一个美的形式。像原始石器中的手斧、刀等工具功能的完善是与对称、光洁的形式联系在一起的。这种建立在实用、合理上的功能形式，不仅因为好而美，它在自身形式上也具有美的形式要素。如图 4-23 是 2003 年红点的获奖作品之一。

二、结构美

结构美是指产品依据一定的原理而组成的具有审美价值的结构系统。结构是手段，材料是基础。一般来说，结构形式是构成产品外观形态的依据，结构尺寸是满足人们使用要求的基础。而产品的结构美也正是通过结构形式和结构尺寸来实现的。产品的结构受到使用功能的影响，它的美其实是遵循功能性的实用之美。例如，一张桌子，当选用金属材料制作时，其结构形式就不能沿用传统的木桌样式，而应与现代生活相互适应，采用铰接或者螺钉连接等；而就结构尺寸而言，无论采用什么形式，其高度一般都应在 78 ～ 80 厘米，这是人体尺寸决定的，如果脱离这一基本要求，无论采用什么结构形式也很难谈得上美。如图 4-24

图4-24　座椅设计方案

澳大利亚璇滨科技大学工业设计专业的刘鹏设计的。

一般来说，产品结构的合理性不仅构成产品外观形态的美，同时也直接影响着材料的利用率和产品使用效能的发挥。当然，实现产品的结构美也存在着如物质功能、材料选用、工艺条件、价格成本等约束条件，但在这些客观条件下，也存在着一定的自由空间，让设计师们显示自己的创造性。

三、材料美

材料美也称材质美，是通过对天然材料和人造材料的选择所获得的富有质感美的纹理。质感按照人的感知特性可以分为触觉和视觉两类。触觉感知是通过人体接触而产生的一种愉悦或者厌恶的感觉。例如，丝绸、毛皮，给人细腻、柔软的感觉等。而视觉感知是基于触觉体验的积累，对于已经熟悉的物体表面组织，仅凭视觉就可以判断它的质感而无须直接接触，因为有时对于一些难以触摸到的物体，只能通过视觉观察和触觉经验的结合进行估计。图 4-25 羊毛毡材料，被用来制作手织地毯，触觉柔软舒适。

图4-25　地毯设计

"玉不琢不成器"，再好的材料也需要工艺技术对它的"雕琢"。同样，对于材料的深入研究可以发现普通材料的内在之美。选择合乎目的的材料和赋予符合其固有物质特征的形式，即形式与物质材料的性能一致、胜任或者适合其使用。材料不仅对于造物有实用功能和决定意义，而且也是形式的内容之一。材料展示着它自身的美感。因此，工艺加工制作中对材料的利用不仅是为了实用价值的实现，同样有利于技术美的确立。就像竹内敏雄所认为的，技术加工的劳动是唤醒在材料自身之中处于休眠状态的自然之美，把它从潜在形态引向显性形态。图 4-26 用多种木料刻画出丰富的特征，手工制作使产品更富有生命力。

图4-26　日本的Take-G木头公仔

四、工艺美

任何产品要获得美的形态必须通过相应的工艺措施来实现。工艺美主要是依靠制造工艺和装饰工艺两种途径。是通过产品加工制造和表面涂饰等工艺手段所体现的表面审美特征。

以下来认识几种常见的工艺美的操作手法。制造工艺主要是指产品通过机械精加工后所表现出的加工痕迹和特征。装饰工艺主要指对成型产品进行必要的涂料装饰或者电化学处理，以提高产品的机械性能和审美情趣。涂料装饰是对各种金属或非金属材料表面进行装饰的一种简单、灵活的工艺手段，各种材料都可以采用涂料装饰的方法而获得不同的外观效果。电化学处理是运用电离作用与化学作用使金属表面平整光滑或者使某种材料表面获得其他材料表面的镀层或氧化层，从而改善表面形式和外观质量，达到保护和装饰美化的目的如图 4-27，4-28。

图4-27　电镀（金属）

图4-28　表面喷涂（塑料）

第四节　产品造型的色彩美学法则

　　色彩在人们的生活、工作和娱乐中会显现各种各样的效果。色彩效果的表现力不仅具有积极的作用，同时也伴有消极的作用。因为我们生活在彩色的世界中，在这个充满色彩的环境里，色彩通过视觉系统给人带来刺激，引起人们对色彩的不同感受、记忆、联想、喜好及象征等心理情感，从而产生丰富的效果。这些效果有些来自生活经验的积累，有些是色彩在各种复杂因素下形成的印象、观念等，这些积累、印象和观念都会对人的生理、心理及情绪和行为产生很大的影响。各种不同的产品具有不同的使用功能，在人们心中具有不同的造型与色彩的概念象征，了解和熟识色彩美学法则和表现方式，将有助于设计者在进行产品设计时，更好地把握人们的色彩喜好及色彩的心理反应规律，体现这些抽象的概念，增加产品色彩设计的合理性与文化内涵。

一、配色设计方法

　　配色的优劣不仅与人们的色彩设计经验有关，还必须通过长期的训练和实践。只有在全面掌握色彩设计理论的基础上，运用正确的配色方法和技巧，从设计的美感、心理需求和使用要求等角度考虑，才能达到最佳的配色效果。

（一）色相配色设计

色相配色可以借助色相环进行配色设计。以某一主色为基准，分别向顺时针或逆时针方向旋转划分不同区域，从而确定色相搭配的种类。色相配色主要包括同类色配色、类似色配色、对比色配色、补色配色、多色配色及无彩色和有彩色配色。

同类色配色是单一色相内的色彩搭配。这是一种较单纯和规律性强的配色方法，主要通过改变同类色的明度和纯度，形成色彩的层次感和秩序性。同类色配色是简单又安全的配色，设计者比较容易把握。配色效果单纯、柔和、高雅、和谐，很容易取得统一感。当色彩明度和纯度相差比较大时，配色分明具有条理；当明度和纯度相差较小时，配色层次细密，略显含混，容易造成单调和缺乏生动的效果。为了弥补这种感觉，可适当加强明度差和纯度差的对比，制造深、浅、明、暗的变化。

类似色配色是同一色系内的色彩搭配，即在色相环上间隔约30°以内的配色。由于这种配色具有共同的色彩因素，因此比较容易达到调和的目的。比如，红、紫红、紫具有共同的色彩因素是红，黄、橙黄、黄绿的共同色彩因素是黄。共同的色彩因素强化了多种搭配色彩之间的类似性，配色效果鲜明、丰富和活泼，既弥补了同类色的不足，又具有和谐、浪漫、雅致与明快的感觉。

对比色配色是在色相环上间隔约150°以内的配色（如图4-29）。对比色的配色效果强烈、鲜明、华丽，如果多个纯度高的色彩搭配在一起，会让人感到炫目和刺眼，造成视觉及精神的疲劳。对比色配色具有很强的对比力量，有时会产生杂乱感和倾向性不强，因此，色彩要有主次之分，用改变纯度和明度的方法突出强调主体色彩，约束和限制起辅助作用的色彩。

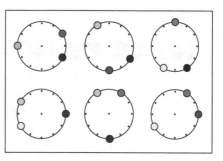

图4-29　对比色配色

补色配色是位于色相环直径两端呈 180° 相互对应的色彩搭配。补色配色比对比色配色更加完整、丰富，更富刺激性。配色效果饱满、活泼、刺激、鲜艳夺目。由于补色的性质相反，若色彩之间对比过强会产生幼稚、原始和粗俗之感。因此，应遵循互让的配色技巧，改变色相的明度和纯度，使一方居于强势，另一方则处于弱势，达到相互生辉，生动艳丽的最佳配色效果。

无彩色和有彩色配色是指黑、白、灰与各种彩色之间的色彩搭配。无彩色是富于调和性的素色，在纷繁的色彩组合中，可以起到中和、融和、转化和过渡的微妙作用。

无彩色与有彩色搭配既可构成无彩色与有彩色的色相差异性，形成对比，又具有不排斥有彩色的高度随和性。既避免了浓重色彩配色喧闹，又弥补了无彩色的过分沉寂和平静，配色效果既协调、稳重而又不失明朗生动，具有高品位和现代感。

（二）明度配色设计

人类对明度变化具有非常敏锐的感知力，明度对色彩的协调作用占主导地位，因此对明度配色更具有强烈感、光感和空间感。明度配色包括高低调子和明度差两方面。

明度分为 9 个阶段，从最暗的 N1 到 N3 范围内称为低调子，呈现严肃、稳重、安定的特质；N4 到 N6 范围内称为中间调子，呈现古典、端庄、豪华、高雅的特质；N7 到 N9 范围内称为高调子，呈现轻快、愉悦、爽朗的特质（如图 4-30）。

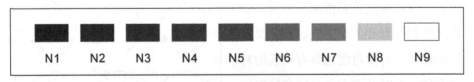

N1　N2　N3　N4　N5　N6　N7　N8　N9

图4-30　明度阶划分

明度差是指明与暗的差距比例，主要有高差明度、中差明度和类似明度三种类型（如图 4-31）。明度差别大为高差明度，具有明亮、轻快的效果；

明度差别中等为中差明度，具有生动、活泼的效果；明度差别小为类似明度，具有柔和的效果。

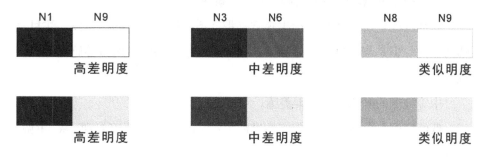

图4-31　明度差划分

按照明度差和色调两方面的组合，可以有如下六种明度配色方法：

（1）高差明度浅色调。这种配色形成色彩之间的强对比效果，清晰度高，色彩反差大、对比强，整体配色明亮，效果清晰、明快、活泼并富有刺激性。

（2）类似明度浅色调。色彩反差极弱，清晰度低，整体配色明亮，显出轻柔、优雅的色彩效果。在设计中常被认为富有女性感。

（3）高差明度中间色调。整体配色显出丰富、充实、强壮有力的色彩效果。设计中常被认为是男性色彩。

（4）类似明度中间色调。整体配色十分含蓄朦胧，犹如薄暮，清晰度极低。

（5）高差明度暗色调。配色效果反差大、刺激性强，有一种爆发性的感动力。但略显压抑、深沉，带有不安定的苦闷感。

（6）类似明度暗色调。由于色彩之间反差弱，配色效果显得阴暗、低沉、忧郁与寂静。

由于明度配色中明度差和色调的不同组合，产生的视觉作用和感情影响也各有特点，具有很强的色彩造型能力，可以塑造强烈的空间感、光感，以及丰富的色彩感等。因此，应把配色的明度差别及其效果作为配色的重要方法，是使配色达到明快感和视觉清晰度的关键。

（三）纯度配色设计

纯度配色可以增强色彩的鲜艳感和明确感。

高纯度配色引人注目，产生视觉兴趣，增强艳丽、生动、活泼、注目及感情倾向。但是当纯度对比过强时，会出现生硬、杂乱、刺激等感觉，易使视觉疲劳。

中等纯度的配色，具有柔美感。

低纯度配色含蓄、柔和。但当纯度配色不足时，会出现配色的脏、灰、单调、含混，注目程度低等不足。

纯度高、明度低的配色，有沉重、稳定和坚固感，常被称为硬配色；纯度低、明度高的配色，有柔和、含混感，被称为软配色。

二、色彩搭配原则

产品设计配色不同于绘画艺术或视觉设计中的色彩设计。它不仅追求视觉美感，表达设计情感，另外，还受到如产品功能、材质和工艺等多种因素的制约。因此，产品设计配色的原则应遵循功能和美学相结合，体现科学与艺术的和谐，技术与审美观念的统一。

（一）功能原则

产品都有自身的物质功能，以完成不同的效用。在对产品进行配色时，必须首先考虑色彩与产品功能的统一，使人们加深对产品物质功能的理解，以便有利于产品物质功能的发挥并取得良好的效果。比如，医疗器械与产品的乳白色或淡灰色基调，既能保持清洁，又可以安抚和镇静病人的情绪。

不同的产品功能对产品的配色有不同的要求，比如有些产品功能要求外观色彩有清洁感；有些产品要求色彩有稳定安全感；有些产品要求色彩有豪华感，而有些产品却要求配色朴素。由此而知，配色都是从产品各自的功能特性出发，选择不同的色彩作为产品的色彩基调。另外，产品配色的功能原则，不仅要考虑配色如何符合产品自身的功能，还应关注配色如何进行信息传递来帮助消费者更好地使用产品功能，即人机互动的谐调性。适当的配色，可以给使用带来舒适愉快和轻松的心理感受，并且提高使用时的工作效率，减少差错和事故的发生，更有益于使用者的身心健康。

（二）美学原则

1.色彩平衡

色彩平衡是指视觉上感觉到力的平衡状态。利用不同色彩面积的分布，以及纯度和明度变化达到配色平衡。

色彩平衡主要包括对称平衡和非对称平衡两种形式。对称平衡就是在对称轴两侧的形、色都相同，形成均等的分布状态，造成形态稳重、安定的视觉效果。非对称平衡只是因空间力场强度相等产生出平衡，给视觉带来生动感。

通过变化不同明度、纯度的面积比例，以及改变重色与轻色、前进色与后退色、膨胀色与收缩色等位置关系取得造型的平衡感。

2.色彩节奏

色彩节奏是指通过色彩的面积有规律地渐变和交替，或者有秩序地重复色彩的明度、色相、纯度、冷暖、形状、位置、方向和材料等要素来体现配色的节奏感。

色彩节奏包括重复的节奏和渐变的节奏两种。

重复的节奏是某一个色彩元素有规律的重复，构成更丰富而又有秩序的配色效果。

渐变的节奏是将色相、明度、纯度和色彩形状、面积等，依一定秩序，进行等差级数或等比级数的变化。这种变化的跳跃性越大，渐变的意味就越明显。

以节奏作为配色的原则，通过色彩有规律的重复、渐变及交替，可以营造诱人的动感节奏。不同的节奏形式会产生丰富的色彩效果。色彩的明暗、冷暖、鲜浊、形状等进行高低、转折、重叠、方向等变化，节奏时而快，时而慢，时而滞涩，时而流畅，使人们视觉中原本静止的造型充满生气、积极、跳跃性的效果。美的节奏能引起视觉的快感，激发人的情感。当和谐的运动形式与人的生理、心理的主观状态处于同步时，就会给人以美的享受。

3.色彩强调

在相同性质的色彩中，适当加入性质不同的色彩就形成了色彩的强调。色彩强调可以使产品中的某个部分被重点强调，弥补单调的配色效果。强调的效果与对比形式有关，色彩中的明与暗、白与黑、大与小、冷与暖、软与硬、远与近等对比形式，都能以适当的比例关系达到整体中的强调意味。

4.色彩分隔

在配色对比关系很弱的情况下，会形成极融合的色彩效果。用另一种色彩来进行分隔，就能使融合变为清晰而生动的色彩效果。在配色对比关系很强的情况下，色彩分隔可以消除因强烈色彩之间的对比给视觉带来的过分刺激。

5.色彩统一

在配色设计中，如果色彩运用过于丰富，就会产生喧闹的气氛，整体造型变得不够稳重谐调。色彩统一就是整合相互排斥、相互竞争的张力，形成有序的色彩配置。

色彩的统一包括"静的统一"与"动的统一"。"静的统一"是指无论在明度、色相、纯度上都倾向于一种主调效果，在主调中稍有变化，以正常、均衡的方式形成配色的整体统一感。"动的统一"是指色彩要素可以在对比中以变化、均衡的方式达到配色的和谐统一感。

三、色彩搭配的协调要素

不同的设计对象都有自身或人们习惯要求的色彩特征。因此，配色设计中，在追求色彩协调，考虑色彩搭配的前提下，还要满足设计的使用功能，达到色彩实用与审美的协调统一。

（一）要有共性

进行色彩搭配时，缺少不同的色彩元素就不能产生对比，但是，如果没有相同或者相似的共同元素，也难以形成统一。因此，色彩配置中要存在共性才能达到协调。

（二）要有主从性

色彩之间的关系是相辅相成的，要有主次之分。配色中，或以色相为主，或以明度为主，或以纯度为主，若没有主次，没有量的多少，面积大小等主从关系，也就失去了相互依存的条件。整体的主体色与局部的强调色、点缀色分清主次相得益彰才会形成统一完整感。

（三）要有序列性

序列和秩序是配色设计中的灵魂，杂乱无章的效果无法创造出和谐的美感。多色搭配时，色彩的等比、等差的数比关系，以及三角形等几何关系，都会产生色彩的节奏和韵律感，形成生动有条理的和谐关系。

（四）要有显明性

显明性就是搭配在一起的诸色彩要清楚、明确、不含混。配色中的明度、色相、纯度的对比是形成显明性的重要因素。

（五）要考虑习惯性

由于色彩的联系、象征及爱憎等是不同国家、民族的风俗习惯形成的心理反应，在配色时要考虑到这些特殊性的要求。

（六）符合目的性

配色必须符合功能的要求，满足实用性与目的性。比如，用于交通信号、指示系统的色彩要求醒目突出，因此，对比强烈的色彩配置在一起也是适用的。工作场所使用的色彩，则经常选用柔和、明亮的配色，避免使用过分刺激而容易导致视觉疲劳和降低工作效率的配色。

第五章
产品设计创新思维方法

创新思维方法，也被称为创造技法、创造工学或发想法，是人们根据经验总结出来而又被实践证明是行之有效的创新手段和途径。其通常被企事业单位用来进行创新思维的训练，以提高个人或团队的创新能力，也是一种省力、省事、高效的研发方式。目前，世界各国总结出的方法达300余种，有的还是按照各国人民不同的思维方式与国情特点进行的总结。在设计领域中，应用最广泛的创新思维方法主要有：群体激智类方法、发散分析类方法、联想演绎类方法等。

第一节　群体激智类方法

随着现代科学技术与经济的发展，设计创新所涉及的领域和内容越来越多，诸多项目单靠个人的力量已难以胜任。如通用汽车的开发需要700人的设计团队通力合作，波音飞机的研发则需要近7000人的研发团队。团队的合作与多专业人才互动协作逐渐成为现代设计创新的主要形式。群体激智类方法即是一类激励集体思考的方法，因为当一批富有个性的人集合在一起时，由于各人在起点、掌握的材料、观察问题的角度和研究方法等方面的差异，会产生各自独特的见解，然后，通过相互间的启发，比较甚至是责难，从而产生具有创造性的设想。

一、智力激励法，又名：头脑风暴法（Brainstorming）

智力激励法，又被称为畅谈会法、脑轰法、奥斯本智暴法，是由美国创造学家 A.F. 奥斯本于1901年提出的最早的创造技法，是一种激发群体智慧的常用方法，尤其是在设计相关行业中应用最为普遍。这种方法一般采用小型会议（5～10人）的形式对某个方案或规划进行咨询或讨论，与会人员可以无拘无束，畅所欲言，不必受任何条条框框的约束。会议的目的就是通过畅谈来产生连锁反应，激发联想，从而产生较多较好的设想和方案。这些设想既可以是"天马行空"，也可以是"异想天开"，无须考虑实际的可行性等问题。应用此方法时应注意以下原则：

（1）排除评论性判断——对提出的设想不在会议上当即评论，可在今后再评论；

（2）鼓励"自由想象"——提出的设想看起来越荒唐，可能越有价值；

（3）要求提出一定数量的设想——设想的数量越多，可能获得有价值的方案也越多；

（4）探索研究组合和改进设想——要求与会者除了本人提出设想外，还必须提出改进他人设想的建议，或者把他人的若干设想加以综合，提出新见解。

智力激励法进行的一般步骤为：

（1）先选定主题、讨论问题，召开小组会议；

（2）主持人向与会者解说必须依从的规则，并鼓励与会者积极参与；

（3）主持人激发及维持团队合作的精神，保证自由、融洽的气氛；

（4）主持会议，引发组员互相讨论；

（5）记录各组员在讨论中所提出来的意见或方案；

（6）共同拟定评估标准，并选取最有效的解决问题方案。

二、分合法（Synectice）

分合法，又称综摄法、提喻法、集思法或戈顿法，是美国的 W.J. 戈顿教授在分析了奥斯本的头脑风暴法存在的弱点之后提出的一种创新思维方法。此法主要是将原不相同亦无关联的元素加以整合，产生新的意念或面貌。"分合"的本义是将显然不相关的要素联合起来。分合法利用模拟与隐喻的作用，协助思考者分析问题以产生各种不同的观点。分合法中应用的创造过程，主要有两种心理方式：①使熟悉的事物新奇化；②使新奇的事物熟悉化。分合法主要是运用"譬喻"和"类推"的技术来协助分析问题，并形成相异的观点。

（1）譬喻。"譬喻"的功能在于使事物之间形成"概念距离"，以激发学生的"新思"。包括了提供新颖的譬喻架构，让参与者以新的途径去思考所熟悉的事物，如"假若手机像……"相反地，也可以旧有的方式去思索新的主题，如以"飞虎队"或"军队"比拟人体免疫系统，从而让参与者能自由地思索日常生活中的事物或经验，提升其敏觉、变通、流畅及独创力。

（2）类推。戈顿（Gordon）提出四种类推的方法。

狂想类推。此法鼓励参与者尽情思索并产生多种不同的想法，甚至可以牵强附会和构想不寻常或狂想的观念。再回到"观念"的实际分析和评鉴。常用之句型是"假如……就会……"或"请尽量列举……"

直接类推。这是将两种不同事物，彼此加以"譬喻"或"类推"，并要求参与者找出与实际生活情境类同之问题情境，或直接比较相类似的事物。此法更简单地比较两事物或概念，并将原本的情境或事物转换到另一情境或事物，从而产生新观念。可利用动物、植物、非生物等加以譬喻。

拟人类推。将事物"拟人化"或"人格化"。如计算机的"视像接收器"是仿真人的眼睛功能。例如，保家卫国的军队就像人的免疫系统，各部分发挥其独有之功能，互相协调和配合，发挥最大抵抗疾病的功能。

符号类推。运用符号象征化的类推。如在诗词之中利用一些字词引申高层次的意境或观念。例如，我们见到"万里长城"便感到其雄伟之气势并联想起祖国，看见交通灯便意识到规则，有"直指人心，立即了悟"的作用。

通常在创新会议中应用分合法的具体做法是：

（1）会议组织者将讨论的问题抽象化或整合成新的概念，使与会者在更广泛的空间内构思方案；

（2）与会人员针对抽象化问题，采用"譬喻"或"类推"的方法进行发想，主持人应适当引导讨论方向；

（3）讨论接近实际议题时，主持人揭示会议实际讨论题目；

（4）会议转为头脑风暴法，继续进行。

此方法是由广泛性的议题向具体议题、抽象性议题向具象议题展开的过程，因此对于议题的抽象归纳直接影响着讨论的范围和方向。如要开发新型手机时，奥斯本智力激励法通常会宣布：议题是新型手机设计，而戈顿法则会在会议之初提出"沟通""交流"之类抽象的、简单的词汇，等产生众多方案之后再宣布真正议题是手机设计，从而进行更具体深入的讨论。

三、KJ 法

KJ 法是由日本文化人类学者川喜田二郎教授于 1964 年首创的，是日本最流行的一种创新思维方法，KJ 是他姓名的英文（Jiro Kawakita）的首字母。KJ 法是以卡片排列方式收集大量资料和事实，从中提炼问题或产生构想的创新思维方法。总的来讲，KJ 法包括提出设想和整理设想两种功能，主要特点是在比较分类的基础上由综合求创新，其重点是将基础素材卡片化，通过整理、分类、比较，进行发想。其执行步骤一般如图 5-1。

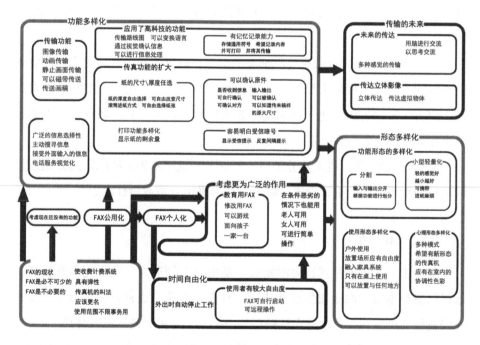

图5-1　针对家用传真机信息交流发展的KJ票

（1）准备。主持人和与会者 4 ~ 7 人。准备好黑板、粉笔、卡片、大张白纸、文具。

（2）头脑风暴法会议。主持人请与会者提出 30 ~ 50 条设想，将设想依次写到黑板上。

（3）制作基础卡片。主持人同与会者商量，将提出的设想概括为 2 ~ 3 行的短句，写到卡片上。每人写一套。这些卡片称为"基础卡片"。

（4）分成小组。让与会者按自己的思路各自进行卡片分组，把内容和某点上相同的卡片归在一起，并加一个适当的标题，用绿色笔写在一张卡片上，称为"小组标题卡"。不能归类的卡片，每张自成一组。

（5）并成中组。将每个人所写的小组标题卡和自成一组的卡片都放在一起。经与会者共同讨论，将内容相似的小组卡片归在一起，再给一个适当标题，用黄色笔写在一张卡片上，称为"中组标题卡"。不能归类的自成一组。

（6）归成大组。经讨论再把中组标题卡和自成一组的卡片中内容相似的归纳成大组，加一个适当的标题，用红色笔写在一张卡片上，称为"大组标题卡"。

（7）编排卡片。将所有分门别类的卡片，以其隶属关系，按适当的空间位置贴到事先准备好的大纸上，并用各种简单符号表示出卡片组间的逻辑关系，即将卡片内容图解化、直观化。如编排后发现不了有何联系，可以重新分组和排列，直到找到联系。

（8）确定方案。将卡片分类后，就能分别地暗示出解决问题的方案或显示出最佳设想。经会上讨论或会后专家评判确定方案或最佳设想。

四、CBS 法

CBS 法，又称卡片式智力激励法，是由日本创造力开发研究所所长高桥诚根据奥斯本智力激励法发展而成的一种创新技法。这种方法是通过宣读卡片来获得"思想共振"，进而达到激发设想和创意的目的。其具体做法是：

（1）召开小组会议（3 ~ 8 人），限时 1 小时；与会者每人发放 50 张卡片，另备 200 张卡片备用。

（2）与会者根据议题进行发想，将意见和设想填写在卡片上，每张卡片填写一个设想，限时 10 分钟。

（3）与会者轮流宣读卡片，每人每次只宣读一张卡片。宣读后其他人可以质询，也可以将受启发后的新设想填入备用卡片上。如此循环，限时30分钟。

（4）与会者就各种设想进行交流和深入探讨，继续诱发设想和构思，限时20分钟。

五、635法

635法，又称默写式智力激励法，是德国形态分析专家鲁尔巳赫对奥斯本的智力激励法加以改进，提出的一种以书面畅述为主的智力激励法。会议要求由6人参加，5分钟内完成3个设想，故被称为"635"法。其具体程序是：

（1）主持人宣布议题，解释相关问题，并给每个人发放设想卡；卡片上标有1、2、3号码，号码间留有足够填写方案设想的空间（用横线隔开）。

（2）与会6人根据会议主题分别写出3个方案，要求在5分钟内完成。

（3）5分钟一到，将写好的卡片传给右邻的与会者，再继续填写3个设想。

（4）如此，每隔5分钟交换一次卡片，共传递6次，30分钟为一个循环，可以产生108个设想。

六、7×7法

7×7法是美国企业管理顾问卡尔·格雷戈里根据奥斯本智力激励法开发的一种创新技法。卡尔·格雷戈里认为，奥斯本的智力激励法所开发的提案只是初步的、抽象的、缺乏具体性的方案。7×7法则是为消除这些缺点而开发的方法。其做法是将智力激励法所提出的方案和设想汇总在7项之内，然后通过与会者的批判与研讨，确定重要程度，再按名次制定具体解决设计方案的措施。具体程序为：

（1）召开小组会议，提出议题，运用头脑风暴法构思设想和方案，填写卡片。

（2）审视卡片，将记录有类似构想方案的卡片分为7组，用序号标注组名。

（3）通过讨论确定各组的重要程度，依次排列起来，并选出7张代表性的卡片；若超过7张的卡片则放弃，如在6张以下则全部保留。

（4）将各组内容进行概括，制作标签。

对7个标签内容提出具体的解决措施。

第二节　发散分析类方法

创新思维所要解决的最大问题就是思维定式，或者说思维很容易受到现有知识和传统观念的局限和束缚，创新则是要在人们司空见惯、见怪不怪的问题上寻找问题，见微知著，并提出标新立异的见解和设想。因此，通过对现有事物或常见事物的分析和发散性的构想，从不同的角度、不同的层面去探讨、去思考则构成了创新思维的常用方式。该类方法主要有以下几种：

一、形态分析法

形态分析法，又称形态矩阵法、形态综合法或棋盘格法，是由美国加利福尼亚州理工学院天体物理学家F.兹维基教授首创的一种创新技法。形态分析法是从系统的观点看待事物，把事物看成是几个功能部分的组合，然后把系统拆成几个功能部分，分别找出能够实现每一种功能的所有方法，最后再将这些方法进行排列组合。F.兹维基教授在二战期间参与美国火箭研制过程中，用形态分析法轻而易举地在一周之内提出了576种不同的火箭设计方案。这些方案几乎包括了当时所有可能制出的火箭的设计方案。形态分析法的一般步骤为：

（1）明确地提出问题，并加以解释。

（2）把问题分解成若干个基本组成部分，每个部分都有明确的定义，并有其特性。

（3）建立一个包含所有基本组成部分的多维矩阵（形态模型），在这个矩阵中应包含所有可能的解决方案。

（4）检查这个矩阵中所有的总方案是否可行，并加以分析和评价。

各个可行的总方案进行比较，从中选出一个最佳的总方案。

例如新型单缸洗衣机的开发案例，采用形态分析法，可以建立如表5-1形态分析模型。利用表5-1，可以进行各功能之间的形态要素的排列组合，从理论上说，能够得到 $3 \times 4 \times 3 = 36$ 种方案。在对36种组合的分析中，我们可以发现组合方案 A1-B1-C2 属于普通的波轮式洗衣机；组合方案 A1-B2-C3 可以构成一种电磁振荡式自动洗衣机；由 A1-B3-C2 可以构成超声波洗衣机；由 A2-B4-C1 构成一种简易的小型手摇洗衣机，技术相对落后。

表5-1　单缸洗衣机的形态分析模型

功能		技术手段			
		1	2	3	4
A	盛装衣服	铝桶	塑料桶	玻璃钢桶	
B	洗涤去污	机械摩擦	电磁振荡	超声波	热胀分离
C	控制时间	人工手控	机械控制	电脑自控	

二、检核目录法

检核目录法，又称为检核表法、稽核问题表法、核对表法、查表法等。即针对某一方面的独特内容，把创新思路逻辑地归纳成一些用以检核的条目，制成一览表；然后在创新设计过程中，针对具体问题，参照表中列出的项目，运用丰富的想象力，逐一地核对论证，从而获得创造性的设想。这种方法可以让设计者在创新过程有所依循，避免漫无目标、不切实际的构思过程，节约创新时间让创新思考过程系统化。

目前各国创造学家已总结和创造出各具特色的检核目录法，但大多是奥斯本检核目录的发展或演绎。常用的检核目录主要有以下几种：

（1）奥斯本（Osborn）检核目录。

"奥斯本检核表"是现在所有检核表中最常用及最受欢迎的。按具体内容可概括为9组：①相反（Reverse）、②转化（Transfer）、③合并（Combine）、④改变（Change）、⑤延伸（Extend）、⑥放大（Enlarge）、⑦缩小（Reduce）、⑧替代（Substitute）、⑨重新配置（Rearrange）。具体内容见表5-2。

表5-2　奥斯本检核目录

奥斯本检核目录		
相反	Reverse	可否以相反的作用或方向做分析？
转化	Transfer	是否有其他用途？
合并	Combine	可否重新组合？
改变	Change	能否修改原物特性？
延伸	Extend	能否应用其他构想？
放大	Enlarge	可否增加些什么？
缩小	Reduce	可否减少些什么？
替代	Substitute	可否以其他东西代替？
重新配置	Rearrange	可否更换顺序或模式？

（2）"奔驰法"。

艾伯尔参考了Osborn的检核表，于1971年提出另一种名为"奔驰法"的检核目录法，在产品改良设计中常被应用，这种检核表主要用七个英文单词的字首，代表七种改进或改变的方向，以帮助推敲出新的构想。SCAMPER的意义如下：①替代（Substituted，S）；②结合（Combined，C）；③适应（Adapt，A）；④修改（Modify，M）、扩大（Magnify，M）；⑤做其他用途（Put to other uses，P）；⑥除去（Eliminate，E）、变小（Minify）；⑦相反（Reverse，R）、重新配置（Rearrange，R）。虽然只有七个英文字母，但却包含不止七项内容。具体内容见表5-3。

表5-3　SCAMPER检核目录

SCAMPER 检核目录			
S	替代	Substitute	何物可被替代？
C	合并	Combine	可与何物合并为一体？

SCAMPER 检核目录

A	调试	Adapt	原物可否有需要调整的地方？
M	修改或扩大	Modify、Magnify	能否修改原物特质或属性？
P	其他用途	Put to other uses	能否有其他非传统的用途？
E	消除	Eliminate	可否将原物变小？浓缩？或省略某些部分？
R	相反或重新配置	Reverse、Rearrange	可否重组或重新排序？或把相对位置对调？

（3）"创意十二诀"检核目录。

"创意十二诀"由华人学者张立信等依据检核目录法的原则，提出的 12 种改良物品的检核目录。具体内容见表 5-4。

表5-4　"创意十二诀"检核目录

创意十二诀检核目录

增添，增强，附加	在某些东西（或物品）可以增加些什么？或如何提高其功能？
删除，减省	在某些东西（物品）上可减省或除掉些什么？
变大，扩张伸延	可否使某些东西（物品）变得更大或加以扩展？
压缩，收细	能否缩细、缩窄或压缩某些东西或物品？
改良，改善	能否改良某些东西（物品）从而减少其缺点？
变换，改组	可否改变某些东西（物品）的排列次序、颜色、气味等？
移动，推移	把某些东西（物品）搬到其他地方或位置，也许会有别的效果或用处。
学习，模仿	可否学习或模仿某些东西或事物，甚至移植或引用某些别的概念或用途？
替代，取代	有什么东西（物品）可以替代或更换？
联结，加入	考虑把东西（物品）联结起来或可加入另一些想法？
反转，颠倒	可否把某些东西（物品）的里外、上下、前后、横直等作颠倒一下，产生新效果？
规定，规限	考虑在某些东西或事物上加以规限或规定，从而可以改良事物或解决问题？

三、设问法

设问法，是一种以提问的方式寻找创新的途径，也是最早、最常用的创新技法之一，适用于各种类型的场合与创新活动。其特点是抓住事物带普遍意义的方面进行提问，如通过提问发现原有产品设计、制造、营销等环节的不足之处，找出需要和应该改进的地方，从而开发出新产品。常用的设问法有"5W2H法""奥斯本设问法"等。

（1）5W2H法。

5W2H法，又称七何检讨法，是"六何检讨法（5W1H）"的延伸。该方法的优点是提示讨论者从不同的层面去思考和解决问题。一方面可以找出其缺点，另一方面亦可扩大其优点或效用。按问题性质的不同，用各种不同的发问技巧来检讨，并逐一思考其解决方式的合理性。其具体所指内容见表5-5。

表5-5　5W2H法问题设置

	why	何故	为什么要革新？
	what	何事	革新的具体对象是什么？
5W	where	何地	从哪些方面着手改进？
	who	何人	谁来承担创新任务？
	when	何时	什么时候进行？
2H	how	如何	怎样实施？
	how much	几何	达到什么程度？

（2）奥斯本设问法。

奥斯本设问法，又称检查提问法。这种方法是针对革新对象或内容，事先提出若干要点，并把它作为检查的方式而提出一些问题，进而加以创新或改良。其问题设置与奥斯本检核目录近似，在此不再赘述。

四、逆向思维法

逆向思维法，又称逆向发明法、负乘法、反面求索法等，是通过"反面求索"和"逆向思维"来进行发明创造的一种方法。这种方法是从常规的反面，从构成成分的对立面，从事物相反的功能等考虑，寻找创新的办法。其过程可以表述为：原型→反向思考→设计新的形式。逆向思维法的要点是打破习惯性的思索方式，即反常规，"反其道而行"。通过改变对事物的看法，可以得到意想不到的构想。其思维方式一般可分为：功能反转、结构反转、因果反转、状态反转四种类型。

（1）功能反转。是指从已有事物的相反功能，去设想和寻求解决问题的新途径，从而获得新的设想或方案。

（2）结构反转。是指从已有事物的相反结构形式去设想，寻求解决问题的新途径，如图5-2。

图5-2　折叠轮胎设计

（3）因果反转。是指从已有事物的因果关系出发，变因为果去发现新的现象和规律，寻找解决问题的新途径。爱迪生从发现送话器听筒音膜会有规律的振动到发明留声机，就是成功运用因果反转方法的结果。

（4）状态反转。是指人们根据事物的某一属性（如静与动）的反转来认识事物。用锯子锯木头，是木头不动锯子动。用固定的电锯机锯木头，则是木头动而机器不动。电梯的发明是实现由"人"动"梯"不动到"梯"动"人"不动的转换，如图5-3。

图5-3 钟表设计：表盘与表针的状态反转：表盘旋转、表针显示时间

五、属性列举法（Attribute Listing Technique）

属性列举法，是由美国尼布拉斯加大学的克劳福特于1954年提出的一种创新思维方法，主要用于具体产品的创新和改良，是思维发散、拓展思路的实用方法之一。此法强调使用者在创造的过程中观察和分析事物或问题的特性或属性，然后针对每项特性提出改良或改变的构想。此方法通常将创新对象的相关属性划分为名词属性、形容词属性和动词属性。

（1）名词属性：指产品的整体、部分或材料、制作方法等用名词描述的内容。

（2）形容词属性：指产品性质、形状、色彩等，如轻与重、红与绿、长与短、高与低、大与小、冷与暖等用形容词来表现的性质。

（3）动词属性：指表现产品功能、作用、价值等特性，如折叠、打开、旋转、弯折等动词描述。

如图5-4对水壶运用属性列举法的分解过程。

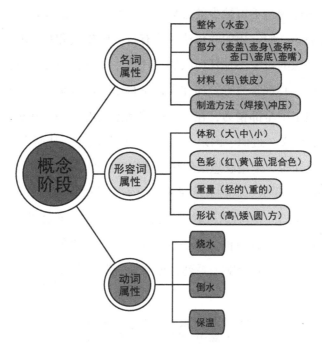

图5-4　属性列举法范例

第三节　联想演绎类方法

联想，是人类思维中最为普遍的一种方式，或者说是人的天性使然。只是人与人联想的内容、层次、角度存在着一定差异。联想思维即是把已掌握的知识、观察到的事物等与思维对象联系起来，从彼此的相关性中获得启迪，如因果、相似、对比、推理等联想方式，都能够促成创新活动。这类思维方法通常主要有以下几种：

一、联想法

联想是指由一事物的现象、语词、动作等，想到另一事物的现象、语词和动作等。联想在人们的心理活动中占有重要的地位，是人们平时记忆、思维想象等心理过程所不可缺少的心理因素。所谓联想法即是应用联想思维进行创新的方法。一般常用的联想法主要有自由联想法和强制联想法。自由联想法是指对联想的对象不加任何限制，任凭主体进行漫无边际的联想，这种方法通常应用于心理学研究。而在设计学科中，通常采用有限制的强制联想法，即让人们集中全部精力，在一定的控制范围内去进行联想，如对相关对象进行同义、反义、近似、因果、对比等形式的联想，从而实现创新的目的。在进行产品设计时，采用联想法的具体措施有两种。

（1）坐标式联想。这种方法是将两组不同的事物分别书写在一个直角坐标的 X 轴和 Y 轴上，然后通过联想将其组合在一起。通过对组合后的设想或反感进行审查、思考或讨论，如果具有实际意义或价值，则会成为新产品开发的方向。如图 5-5 是针对一系列常见事物的坐标式联想。

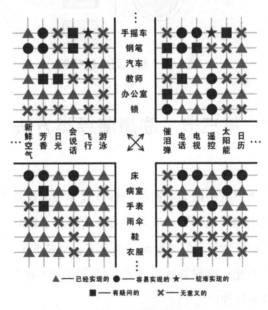

图5-5　坐标式联想组合图

（2）焦点法联想。这种方法是在强制联想法和自由联想法的基础上产生的。其特点是以特定的设计问题为焦点，无限地进行联想，并强制地把选出的要素相结合，以促进新设想迸发而出的方法。

二、类比法

所谓类比法，是一种确定两种以上事物间异同关系的思维过程和方法。即根据一定的标准尺度，把与此相联系的几个相关事物（即可以是同类事物，也可以是不同类事物）加以对照，把握住事物的内在联系进行创新。通过类比可以开阔眼界，打开思路，由此及彼，进行广泛性的联想，并从联想中得出创新方案。类比法的应用需要将形象思维与抽象思维融为一体，对事物的本质、构造、形态等方面加以分析，从异中求同、同中求异，进而得到创造性的结果（如图5-6）。在世界科学技术发展史上，有许多重要发明创造都是应用类比法获得成功的，如贝尔受到莫尔思电报的启发，发明了电话机；日本发明家田雄常吉，将人体血液循环系统中动脉和静脉的不同功能和心脏瓣膜阻止血液逆流的功能运用到锅炉的水和蒸汽的循环中，发明了田雄式锅炉。类比法一般主要有以下几类：

（1）直接类比。指收集一些同主题有类似之处的事物、知识和记忆等信息，以便从中得到某种启发或暗示，随即思考解决问题的办法。如可以从自然界中或已有的技术成果中寻找技术实现的可能性。

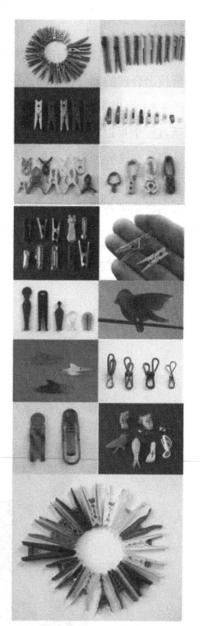

图5-6　类比法应用范例：夹子的设计

（2）间接类比。指在创新过程中，将非同一类事物或不相关的事物进行适当的比较与对比，从功能、结构及构成方式上考虑其可利用点，进而开拓创新思路。

（3）幻想类比。指通过幻想的方式，将并不相关的事物联系起来，通过分析找出合理的部分，从而达到创新设计的目的。

（4）因果类比。指两种事物的属性之间，可能存在着同一因果关系，在创新过程中可以根据一种事物的因果关系，推出另一事物的因果关系。因果类比即是在这种因果关系的类比中产生新的设想和方案的方法。

（5）仿生类比。指将产品与自然界生物进行类比发想，即从生物界的原理和系统中捕捉设计发明灵感，根据不同产品的功能使用要求，吸收模拟生物界中的相应优势，将其融入新产品中。如类似的造型、色彩、图案、动作、结构等。（图5-7（1），5-7（2）仿生设计案例）

图5-7 仿生设计经典案例（1）

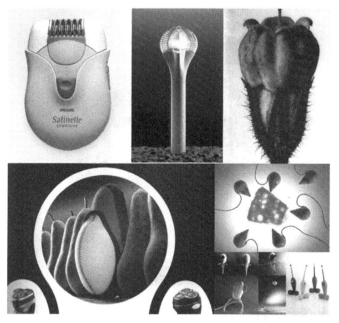

图5-7　仿生设计经典案例（2）

三、组合法

所谓组合法，就是把两种以上的产品、功能、方法或原理做适当组合，使之成为一种新产品、新方法的创造技法。组合法的要点是将多个特征组合在一起，所有特征相互支持、补充，共同为改善、强化同一目的，而且力求产生新效果，达到1+1＞2的飞跃（如图5-8、5-9）。

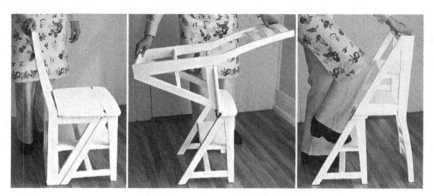

图5-8　椅子与梯子的组合

图5-9　手机与相机的组合

常用的组合方法有：

（1）同物自组。指若干相同类事物的组合，即组合对象是将两个以上的相同事物或近似的事物合并在一起而成为一种组合产品，使之具有对称性与和谐之美。这种组合相对比较简单，组合的对象在组合前后基本原理和结构并没有发生本质性的变化，如字母灯、双向拉锁、组合家具等。

（2）异类组合。指组合对象是将两种以上不同的事物合并在一起，成为一件多功能的产品，包括两种或两种以上不同领域的技术思想或不同功能的物质产品等。组合对象（技术思想或产品）来自不同的方面，一般无主次关系。参与组合的对象从意义、原子、构造、成分、功能等任一方面和多方面互相渗透，整体变化显著。异类组合是异类求同的创新，创新性很强。如喷水熨斗、电子黑板、可视电话等。

（3）重组组合。指在事物的不同层次分解原来的组合，而后再按新的目的重新安排，形成新的组合。这类组合方式通常是在一件事物上实施，组合过程中一般不增加新的东西，主要是改变事物各组成部分之间的相互关系。

第六章
产品设计造型基础

第一节　产品造型的表现技法

　　当前设计师用于表现产品设计方案的方法除了手绘效果图外，更多的是采用计算机建模、渲染效果图来展示设计预想的真实效果，其主要目的是完整地提供产品设计有关功能、造型、色彩、结构、工艺、材料等信息，忠实客观地表现未来产品的实际面貌，力争做到从视觉上将设计者、工程技术人员和消费者之间建立沟通联系。而作为实际效果展示的模型（样机）则是用于方案整体展示和分析的重要内容，也是对产品设计方案进行综合评价的主要内容。

　　设计效果图是设计师根据内容要求，应用特定的绘制工具（手工工具和仪器设备），借助艺术绘画和工程制图的手法，将构想形态，遵照"可视真实"的原则，理性地绘制出的一种"诱人"的魅力图画。它既不同于纯艺术的绘画作品，又与纯技术的工程设计图存在区别，它融合了二者的表现手法，用艺术性的方式传达科学性的概念，如图 6-1、6-2。

　　设计效果图绘制的目的主要是表现设计师的创意构想，并将构想中的产品形态在平面空间上具象化。要能够充分体现产品立体形象的秩序、厚度、尺度、体量、匀净和严谨等价值。其基本的要求是：展现立体感、表现出材料质感、结构关系合理、整体美感。

　　随着设计工具的不断更新，设计效果图的绘制方式也随之增加。就绘制手法来分主要有手工绘制效果图和电脑制作效果图（如图 6-3）；就设计要求和意图来分主要有设计预想图、方案效果图、展示性效果图和三视效果图。

图6-1　产品效果图常用表现形式

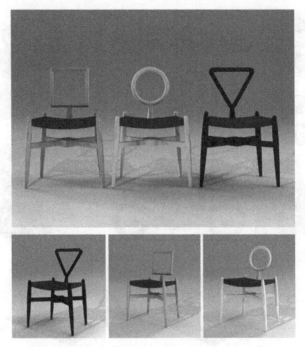

图6-2　电脑渲染产品效果图范例："元气"椅

图6-3　手绘效果图与电脑效果图的效果对比

一、方案构想图

构想，从概念的角度，是以产品语言、用户为导向及技术实用功能为基础所发展出的基本设计方案。构想所确定的并不是具体的、可实施的方案，而是尽可能多的、宽泛的、可选择的、可能性的方案。在经过前面对用户需求和功能技术的分析之后，设计师往往会受到分析结果的左右和限制，而陷入一些具体的功能、结构细节之中，进而构想出的方案也脱离不了常规思维的框框，很难带来创造性的突破。因此，在此阶段，我们应尽力将上述分析研究结论作为构想方案的参考或依据，而不应受其禁锢和束缚。设计师必须学会将以物为中心的研究方法改变为以功能为中心的研究方法。从需求和功能入手，有助于开阔思路，使设计构思不受现有产品方式和使用功能的束缚。设计师在理性分析与思考后，现在需要更为感性的创造灵感与激情，应允许非常规、不平凡的构思，甚至"异想天开"。

可以说，构想是将概念视觉化的第一步。设计师需要将众多因素加以归纳、综合、演绎，并快速有效地表达为具象的草案。这就要求设计师具有创造性地运用形式法则与综合协调与解决设计目标系统内诸多因素的能力。在此阶段，产品设计师常采用手绘草图来记录和表现各种解决草案及草案的变体。

手绘草图是一种快速记录思维构想的方式，它是从无到有、从想象到具体，是将思维物化的过程，因此是一个复杂的创造思维过程的体现。草图一方面可以记录、表现稍纵即逝的构思及过程，也可以用于团队成员间的沟通与交流；同时大量的草图也能够活跃设计思维，使创造性构思得以延展，尤其是团队成员往往会从中受到很大启发，并激发出大量的创作灵感（如图6-4至图6-5，为设计过程中常用的几种草图绘制方式）。

除了手绘草图之外，设计师也会借助其他高效便捷的表现工具，尤其是随着现代计算机绘图技术的迅速发展，设计师们开始广泛应用绘图软件进行构思与创意（如图6-6）。此外，设计师也通过制作草模或比例模型、结构模型等实体来进行概念发想（如图6-7）。

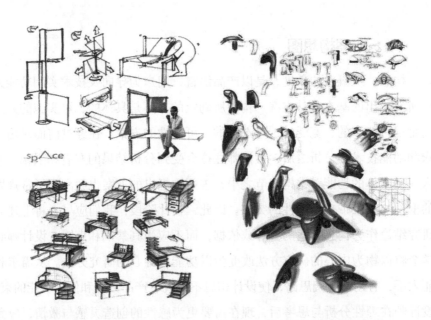

图6-4　记录草图形式：快速记录构思过程中的想法和概念

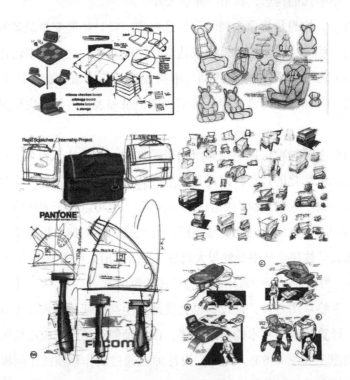

图6-5　思考类草图：针对某个具体概念或细节进行创新性思考

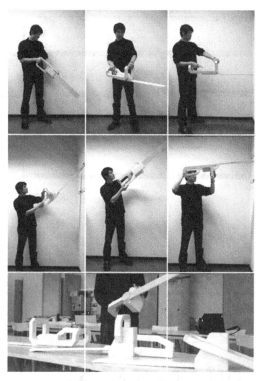

图6-6　应用计算机软件绘制的　　　　　图6-7　电动工具的工作草模及操作分析
　　　　汽车草图

　　总之，这一阶段的主要任务是尽可能多地提出构想方案和可选择性的概念方案。从理想的角度来看，概念方案应该包括从保守到创新和未来型等各种类型，这样企业有较宽泛的选择，如图 6-8、6-9。

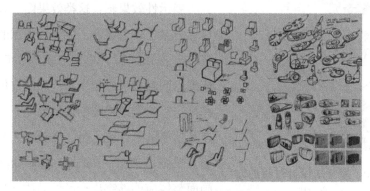

图6-8　概念视觉化的表现形式

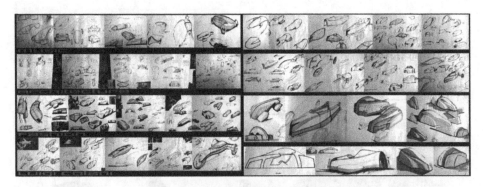

图6-9　概念草图的展示与筛选

图6-10　摩托车设计过程的方案性草图

二、方案效果图

方案效果图以启发、诱导设计，提供交流，研讨方案为目的而绘制的初级效果图。此时，一般设计尚未完全成熟，还处于有待进一步推敲斟酌的阶段。这时也往往需要绘制较多的图来进行比较、优选、综合。但较之前期的构思草图要详细而严谨，局部的细节、比例关系、结构、色彩及材质肌理等也要基本准确地符合构想产品的实际效果，如图 6-10。

展示性效果图：这类效果图表现的产品设计方案已较为成熟、完善。作图的目的大多在于提供决策者审定和实施生产时作为依据，同时也可以用于新产品的宣传、介绍和推广。这类效果图的效果要能充分表达出产品形象的形、色、材、质和工艺的内容，而且要强调细节的刻画和主体内容的展示。画面整体应能够突出产品的品质和亮点，并结合背景与附加物体现出创意和设计的感染力。当前，这类效果图多应用计算机绘图软件制作，如众多功能强大的二维和三维软件，已给设计者提供了更灵活和快捷的创作空间，同时也增强了效果图表现的真实感、艺术性和精致感，如图 6-11。

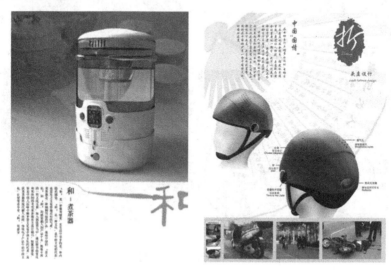

图6-11　展示性效果图范例："和"煮茶器、头盔

三视效果图：这类效果图是直接利用三视图（或选择其中一两个视图）来制作的。特点是作图较为简便，不需另作透视图，对立面的视觉效果反映最直接，尺寸、比例没有任何透视误差、变形；缺点是表现面较窄，难以显示前两类效果图所表现的立体感和空间视觉形态，如图 6-12、6-13。

图6-12　索爱手机的三视效果图

图6-13　自行车的平面效果图

对于产品设计方案的表现效果图，应从展示和传达设计理念的目的进行绘制和安排构图，力求表现预想产品的真实感。其绘制过程中应注意以下几点：

● 透视关系要正确，尽量选择正常的视角，夸张表现要适度；

● 质感力求真实，但要兼顾艺术美感，使效果更具感染力，如图 6-14；

● 构图应纯净，主体形象与背景应具层次感，避免喧宾夺主；

● 表现形式可多样化，但应具有相通元素，具整体感；

● 展示使用方式或过程，应力求简洁、明了；

● 进行细部特写或局部展开，以突出结构关系；

● 增加必要的文字说明和提示。

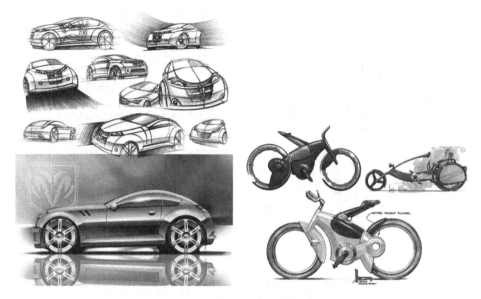

图6-14　效果图的艺术化表现

第二节　计算机辅助工业设计

就像传统绘画离不开画笔，现代设计也缺少不了计算机。随着 CAD 技术的深入开发和应用，从概念设想、资料收集及分析、综合至表达的过程都应用到 CAD。之所以 CAD 能够在设计中广泛应用，主要是由于 CAD 简化了设计所使用工具和材料，也使得变更和修正的速度明显加快，复制和批量化的处理方式更高效快捷，设计表现效果稳定而精致，操作方式也更方便。目前 CAD 所应用的领域，已从家电、汽车、医疗、电子、国防武器到宇航无所不在，用于 CAD 或三维设计的软件也各式各样，如常用的 Alias、UG、Maya、Rhino、3D Max 等三维建模、渲染及动画软件。在德国奔驰公司的设计部，设计师、工程师们已经远离了繁重的油泥模型制作、样车打造和风洞试验、实体冲撞试验等耗费人力物力的传统设计检测手段，取而代之的是各种数字化的虚拟现实设备。一般而言，在设计过程的不同阶段，分别选择适当的软件或 CAD 技术来完成相应的任务。其具体做法如图 6-15 所示。

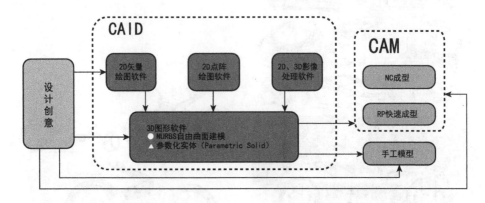

图6-15 计算机辅助设计与加工

就常用的 CAD 来讲，其在产品设计过程中的功能和应用形式主要有以下几种：

1.绘制 2D 草图

应用二维绘图软件和手绘板等在计算机上直接绘制构思草图或者效果图，表现效果与手工绘制近似或更佳，但过程相对简捷而效果准确。

2.构建 3D 模型

以点、线、面或参数建立出完整的实体模型，电脑能够忠实地记录建立每一次资料的位置、长度、面积、角度等，再经自动运算交换坐标系统，便可轻易地平移、转动、分解、结合；同时也可以切换观察视图，对实体进行细致的观察和修正，如图 6-16。

3.虚拟现实渲染

通过赋予实体模型以色彩、材质和贴图，对建立的产品模型进行虚拟现实渲染，使模型更具真实感。设计师通常会选用适当的软件使渲染效果逼真而准确，同时为增强表现效果也会采用艺术化的处理方式，如图 6-17、6-18。

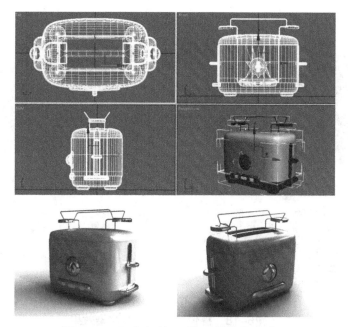

图6-16　面包机的3D模型构建及渲染

图6-17　汽车设计方案的虚拟现实渲染效果

图6-18 摄像机的照片级渲染效果

第三节 产品设计模型技术与制作

如果说，设计效果图提供给人们视觉感知意义，产品设计模型则由于其纯粹物质的空间立体形象，不但具备了更丰富的视觉价值，还具备了手控的触觉价值，使设计表现更具真实感。同时，产品模型也是对设计对象进行直接分析、评价和感知的必要手段。在计算机辅助设计（CAD）逐渐导入并深入到设计各个环节的今天，虚拟展示、模拟现实的技术应用也越来越广泛，设计师们为了缩短设计开发的周期，开始忽视或者放弃产品模型的制作环节。但事实证明，产品设计模型是将我们的视觉感知和头脑中的感性评价转化为切实的知觉体验的重要途径和方式；由于视错觉的存在，实体模型的量感和结构关系通常与平面图纸及计算机图像中所显示的内容存在着一定的偏差，而且有些细节或局部结构（如倒角、表面工艺等）只有在制作模型实体过程中才能体现出来。模型与效果图的区别就好像雕塑与绘画的差别，绘画中的质感是心理所产生的共鸣，而雕塑则是切实可以触摸并感知的真实。

就设计过程中模型制作的用途来看，设计师选择制作的产品模型主要有以下几类：

探索性模型，也称为概念模型、早期模型。是设计师工作进展到一定阶段制造的实物模型，其功能是为了了解产品的形态构造、工艺和使用特性，进而验证人、物、环境的合理关系和产品功能的可行性。这类模型通常不要求细节的精确，材料的选择和制作方式也力求简单快捷，能够表达基本的概念构思即可，如图 6-19。

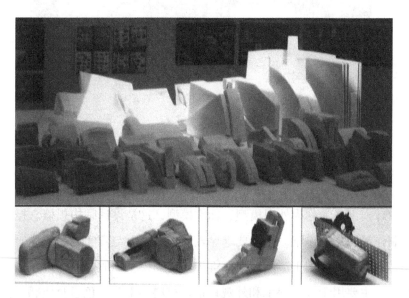

图6-19 探索性模型范例

工作模型，也称分析模型。是设计师根据需要就设计中的某些具体问题而制作的目的性较强的一种模型，其功能是为了深入研究产品的某一属性，如形态变化、结构关系、色彩方案和工艺细节、功能组件的分布等。同样，这类模型在选材制作上应该尽量做到快速有效地达到研讨的目的，一般都选择较易成型的材料，如石膏、高密度发泡、油泥等，如图 6-20。

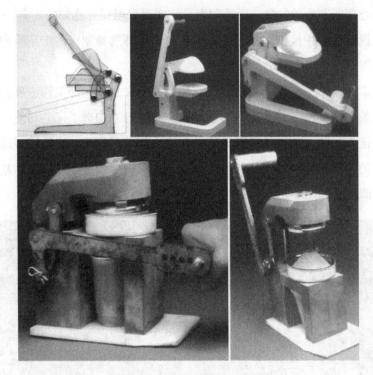

图6-20 榨汁机工作模型

设计模型，常称为外观模型、标准模型，这是设计师构想概念投放生产前，制作最完美的模型，质量要求比较高。形态上与真实产品相像，但不能工作。外观效果可用于产品后期的宣传。这类模型一般是设计方案定稿之后制作的，主要用于效果展示和外观评估，材料、工艺、色彩及质感、关键结构等内容都应在模型中得到体现，这类模型通常由专业模型师或模型制作公司来完成，如图 6-21、6-22。

图6-21　本科毕业设计交通工具类设计作品展示模型
考文垂大学（上）与鲁迅美术学院（下）

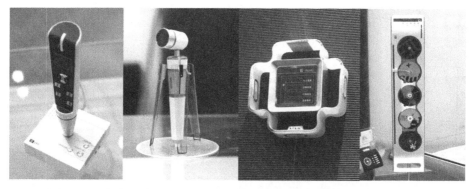

图6-22　南京艺术学院本科毕业设计消费电子类设计作品展示模型

　　通过对各类模型的制作与测试，产品设计方案将得到综合性的检验和评估，并可以形成相应的生产文件，交由企业管理层决定是否制作样机并投入生产。

第七章
产品造型设计材料与工艺

第一节 产品设计与材料的关系

在产品设计中，材料及工艺和设计是密切相关的。材料及工艺是产品设计的物质技术条件，是产品设计的基础和前提。设计通过材料及工艺转化为实体产品，材料及工艺通过设计实现其自身的价值。材料作为一个包括产品——人——环境的系统，以其自身的特性影响着产品设计，不仅保证了维持产品功能的形态，并通过材料自身的性能满足产品功能的要求，成为直接被产品使用者所视及与触及的唯一对象。任何一个产品设计，只有与选用材料的性能特点及加工工艺性能相一致，才能实现设计的目的和要求。

材料是人类赖以生存和发展的物质基础。广义地讲，材料是人们思想意识之外的任何物品。具体地说，材料是人们用于作为物品的物质。材料就像《迈尔新百科全书》中所述的："……材料是由原料中取得的，为生产半成品、工件、部件和成品的初始物料，如金属、石块、木材、皮革，塑料、纸、天然纤维和化学纤维等。"材料是从原材料中取得的，并且是生产产品的原始物料，包括人类在动植物或矿物原料基础上转化的所有物质。转化的目的在于将这些物质用作生产的原料或完成生产过程的辅助材料。在此过程中，原始物料被消耗，因而它是生产制造和设计产品的基本条件。

从词义来看，"材料"一词的含义包括两层意思：一指材料的物理、化学等性质，称为"材质"；二指物体表面的视觉与触觉效果，称为"质感"，也就是人们常说的肌理、质地，来自其材料的纹理、表面粗滑、纹理的排列，以及纹理的疏密程度等因素。侧重于物体表面予人的视觉或触觉感受，如粗、细、柔、硬、干、湿等。

现代社会材料种类丰富，多种多样，除了传统的金属、塑料、玻璃、木材和陶瓷外，还出现了高分子材料、复合材料等新型材料，材料的发展也带来了工艺的改进和设计理念的进步。基本功能相同的产品，由于采用了不同的材料和加工工艺，可以具有迥异的外部形态，随后带来的是使用功能和精神功能的变化。例如电视机外壳，用木质层板来做，因为受到材料特性和加工工艺的制约，一般会做成方形（图7-1）。如果后壳要做弧度就有一定的难度。但是如果用工程塑料等容易压铸成型的材料来做电视机外壳的话，就很容易实现优美的曲面造型。再以椅子的设计为例，椅子的基本功能是"坐"，除此之外，它还具有很强的象征意义和装饰功能。早期的椅子多采用石材、木材等天然材料加工而成。后期随着生产力的发展、社会形态的转变及生活方式的变化，金属、皮革、玻璃、塑料等新型材料陆续被设计师采用，结合独特的创意，展现出了不同的形态和风貌（如图7-2，7-3）。这些由新材料而引发的家具形态的变化也成为时代技术发展水平和人类社会生活的写照和象征。同时，材料的特性也影响着产品的结构方式。早期实木为主材的家具多以榫卯连接为主，而现代家具材料种类和特性的变化使得结构方式也朝着多样化发展。设计中往往根据材料特性、功能和造型多方面的要求，灵活选用榫接、胶粘、螺钉或者铰链连接等多种方式。

图7-1　斯塔克设计的纤维板电视机壳

图7-2　钢管椅

图7-3　塑料椅子

一、产品设计与材料的关系

产品设计与材料及工艺之间是紧密联系、相互影响的关系，主要表现在以下几方面：

（一）材料与工艺是保证产品造型付诸实现的物质基础，为产品设计提供创造素材和创意来源

产品设计的首要目的是实现产品的功能，这也决定着产品造型的基本形式，而材料的色彩、肌理、光泽、质地和形态等特征都是构成产品造型设计

的物质技术条件，是产品功能和艺术处理的具体体现，直接影响着产品造型的各个方面。在分析产品造型的时候，不能只从造型的形式处理方面孤立地看是否美观或制作优劣，而是要全面地、联系地分析造型设计在产品功能、材料工艺、艺术处理等各方面的关系。只有这样，才能比较全面、深入地认识产品造型的本质。产品必须用一定的材料，经过加工，才能显示出其实际用途，它以自身科学性、艺术性、经济性，能动地为产品造型服务。

　　由于材料本身分子结构、物理性能和加工方式等差异也导致造型特征有很大差异，设计师需熟悉并掌握不同材料的特性和用途，并结合产品的功能需要来构思产品形态。现代设计已经不单单局限在利用原始材料，材料的发展特别是新材料的出现常常给设计师带来创新的灵感和突破性的进展，甚至直接利用物体本身来进行二次创作。如竹材作为可再生资源在现代产品中应用越来越广，也备受设计师关注，根据竹材本身良好的物理特性、高强度、中空特性等使得竹材造型多种多样，可切削、弯曲、编织、雕刻及压缩竹纤维制成集成板材，应用到诸多产品之中，且显出自然、清新和现代感，如图7-4（1）

图7-4（1）　北京国际设计展上的竹产品

通过探索材料应用性能和加工工艺的过程，设计师同样可以形成全新的产品概念构想。因此，设计师在产品设计研发中通常也会采用逆向思维方式，从寻找和转变材料的新性能和新用途中去探求全新的产品造型和结构。如图7-4（2）为品物流形公司根据余杭糊伞工艺设计的糊纸椅，通过研究余杭地区纸伞糊纸工艺和皮纸材料浸水、胶粘和烘干后硬度和强度变化的特性，设计出具备自然而前卫气质的现代家具。

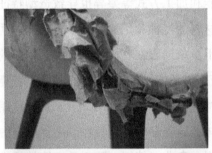

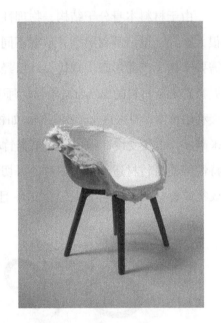

图7-4（2）　北京国际设计展上的竹产品

（二）产品设计是不断发现材料、利用材料的创造性活动，促进材料新性能和新用途的开发

如前所述，产品设计的目的是创造性地解决问题，并以产品的形式来满足人们的需求，其始终追求和探索更好地解决方案，其中重要的一环就是应用新材料和新工艺，因此设计师从未停止过对新材料和新工艺的研发。而新产品概念的出现总会对材料应用提出新的要求，同时新的重要设计思想的提出，对材料的发展也必然会提出新要求，这也就有力地促进材料研究人员探索和发展新材料。例如，在家具的设计与制造中，木材的消耗量极大，且易

于造成很大的浪费。随着森林资源的日趋减少及环保设计思想的发展，人们希望寻求一种新的材料来解决这一矛盾。于是，各种人造板材孕育而生。它对木材的利用率较高，且易于工业化标准化生产，使家具产业得到了迅猛发展。同时，设计师在规划产品性能和实现产品功能的过程中，也会促进新材料性能和新用途的开发和研究。如针对塑料对现代环境造成的污染问题，应用新材料的环保理念被广泛应用于产品设计，陶瓷、竹材、石材和混凝土等材料逐渐被应用到家具、电器和其他工业产品中，既满足人们的审美需求，又充分体现了绿色环保的设计理念。

材料、工艺和设计之间是相互影响的，材料和工艺会限制设计师的思维，所以每一次材料的革命必然引起设计界的巨变，反过来具有特定功能不可随意改变的设计一旦被确认下来，就要寻找与之符合的工艺与材料，二者相互影响，互相促进，共同发展。设计师需要积极地面对材料工艺，使材料和工艺成为支撑设计的有力手段。设计师若想使设计能够得以高品质的实现，需要在设计中充分考虑材料及工艺的因素，避免设计和材料及工艺在实施阶段的被动对话！

总之，设计与材料密不可分，设计师必须充分认识它们之间的关系，熟练掌握并合理有效地利用各种材料的特性及其加工技术，从经济、可行、美观的角度出发，设计出实用的新产品。材料和工艺是产品设计的物质技术条件，是实现产品设计的必要条件。设计通过材料和工艺转化为实体产品，材料和工艺又通过设计实现自己的价值。任何一个产品设计，只有选用材料的性能特点与其加工工艺性能相一致，才能实现设计的目的和要求。

二、设计对材料的要求

（一）材料的心理学要求

材料给人的心理感受是指人通过各感官感受到的材料的性能。如木材给人以自然清新、温暖舒适的感觉；金属给人坚硬、厚重的感受，又因为金属热传导快的特性，相对于其他材料在心理感觉上能给人凉爽、冰冷的感受；

塑料因为成型工艺上的优越性可以根据不同的设计要求表现出不同的心理感受；而棉、毛、皮革等材料能够给人松软舒适心理感受。当然不同材料所承载的心理学功能及带给使用者的感觉特性，会因为色彩、造型、结构等因素的变化而不同。尤其是材料的色彩，对于材料心理学特性的影响非常大（如图7-5）。远距离地看一个产品，最先映入眼帘的不是造型，也不是肌理，而是色彩。材料是色彩的载体，色彩是依附于材料而存在的。在产品设计中，材料的色彩是造型设计的重要影响要素，没有色彩的作品是缺乏生命力的。作为响亮的视觉语言，色彩具有强烈的视觉冲击力，色彩在人们的视觉中起着先声夺人的效果。这些影响要素也为工业设计师发挥材料和设计师自身价值提供了巨大的创新空间。色彩包括固有色彩和人为色彩（附加色彩）。在设计中要根据需要充分利用和发挥材料的固有色彩，适当采用人为色彩，最终达到良好的视觉效果。

图7-5　同样材质不同颜色给人不同的感受

（二）材料的适应性要求

因为工业设计师所设计的产品承载着不同的功能，而这些不同功能的产品在使用时所处的工作环境会有很大的不同，所以实现这些产品设计的设计材料必须能够满足不同的自然和人工环境的需要，适应可能的环境因素的变化。如露天设备应能经受风吹、日晒、雨淋，在各种温度变化的情况下应不变形、不变质、不褪色；在腐蚀性介质中工作的机件应耐腐蚀、不氧化；在高温下工作的机件硬度、强度不降低等。

（三）材料的自身性能要求

这里所说的材料的自身性能包括材料的力学、物理、化学和加工工艺性能。

（1）设计材料应与设计对象的力学性能匹配。设计材料与设计对象的力学性能匹配主要是指设计材料与设计对象在强度、韧性、硬度等力学性能参数应相互匹配。为不同功能设计的产品因为工作环境、工作载荷等条件的不同，对构成它的材料会有不同的要求。例如同样是帐篷，美军在伊拉克维和时的军用帐篷和我们日常旅游时用的户外娱乐型的帐篷就会因为功能的不同而在材料选择上有很大的差别（图7-6）。

图7-6　军用帐篷与普通露营帐篷

（2）设计材料应与设计对象的物理性能匹配。设计材料与设计对象的物理性能匹配，主要是指设计材料与设计对象在熔点、弹性模量、导热系数、热膨胀系数、抗热冲击性能等物理性能参数应相互匹配。具有不同物理性能的设计材料所适合生产的产品有很大的差异。例如，对于保温水杯的设计，它要求保证内部承装物尽量少的与外围环境进行热交换。所以一般情况下我们会选用导热性能比较差的玻璃、陶瓷、塑料等材料展开设计。一旦我们选用热传导性比较好的材料，比如说金属材料，我们就要根据材料本身的特性进行结构上的优化，以规避材料本身相对于产品功能上的"不足"。解决办法一般是将保温杯设计成双层，并将两层之间的空间做成真空，并且将杯口的转折部分在保证其强度的情况下做的尽量薄，来降低热传递的效率以满足保温的功能。

（3）设计材料应与设计对象的化学性能匹配。设计材料与设计对象的化学性能匹配主要是指设计材料与设计对象在化学亲和性、化学反应（化学稳定性）、扩散、黏结和溶解等化学性能参数应相互匹配。比如我们在生活小区经常能看到的社区小品，因为这类小品绝大多数都安放在露天环境里，所以我们在设计之初就应该有意识地选择那些在这类环境里不容易发生化学变化的材料，如塑料、不锈钢等。即使在这种情况下我们仍然可以选择其他类型的材料，但是因为对材料的特性有特殊的要求，所以一旦材料本身不能满足这类要求，我们就要采取其他措施来弥补材料的缺陷。比如将铁器表面涂装油漆或包裹塑胶等方式。

（4）设计材料的加工工艺性，包括材料的加工成型性和表面处理性，应与设计对象匹配。

加工成型性：加工成型性是衡量设计材料优劣的重要指标之一，材料如果在加工、成型等方面有出色的表现，这不但能够在生产过程中节省生产费用，而且在设计过程中也能够为设计师提供更大的想象空间。现代生产中加工成型性好的材料首推金属、塑料。众所周知，对于金属来说，光是常用的加工工艺就有铸造、锻压、车、铣、刨、磨、锯切、钻、镗等，这从侧面表现了金属优秀的加工成型性能。塑料成型方法很多，有注塑成型、挤塑成型、吹塑成型、压延成型、热成型、流动成型等。另外，塑料成型后还可进行表面电镀，使之具有金属的外观。除了金属和塑料之外，木材也是一种优良的造型材料。木材具有易锯、易刨、易打孔、易组合、表面易涂饰等加工成型特性。在工业设计实践过程中，我们经常能够见到以木材作为主要表现材料的经典设计（图7-7）。

图7-7　现代加工工艺为木材造型设计提供了广阔空间

　　表面处理性：各种材料的机件成型后，为了使造型更加美观、耐用、操作方便，需对各种机件进行表面处理。常用的表现处理方法有氧化、磷化、电镀、化学镀和表面涂饰（涂漆）等。钢铁、铝、塑料、木材等材料都有很好的表面处理性。钢铁件经煮黑后在机件表面形成一层薄膜，可防止机件生锈，防止产生眩光。塑料件经表面电镀后可使塑料制品既有金属制品的外观和功能，又有轻巧的优点。造型材料应该具有很好的表面处理性，以适应装饰工艺的要求。在工业设计实践过程中，我们在选择材料、考虑材料的加工工艺性能时，一般都是将加工成型性和表面处理性综合考虑，通过二者的相互补充使最后的设计作品能够表现出最佳的美学特征。

第二节　设计材料的分类与性能

一、工业设计材料及其分类

对于设计材料我们可以在宏观上这样界定，凡与设计有关的材料均可称为设计材料，工业设计材料按其性能特点可分为结构材料和功能材料。结构材料通常以硬度、强度、塑性、冲击韧性等力学性能为主，兼有一定的物理、化学性能。而功能材料是以光、电、声、磁、热等特殊的物理、化学性能为主的功能和效应材料。工业设计材料种类繁多，用途广泛，在设计实践过程中我们通常按工程材料的分类法对工业设计材料进行分类，可分为金属材料、陶瓷材料、高分子材料、复合材料等。

（一）金属材料

金属材料是最重要的工业设计材料，包括金属和以金属为基的合金。工业上把金属和其合金分为两大部分。

1．黑色金属材料

铁和以铁为基的合金（钢、铸铁和铁合金）。

2．有色金属材料

黑色金属以外的所有金属及其合金。有色金属按照性能和特点可分为轻金属、易熔金属、难熔金属、贵金属、稀土金属和碱土金属。它们是重要的有特殊用途的材料。

金属材料中应用最广的是黑色金属。以铁为基的合金材料占整个结构材料和工具材料的 90.0% 以上。黑色金属材料的工程性能比较优越，价格也较便宜，是最重要的工业设计实践中应用的金属材料（图7-8）。

图7-8　意大利Alessi设计的不锈钢产品

（二）非金属材料

非金属材料也是非常重要的工业设计材料。它主要包括四类：

（1）耐火材料

（2）耐火隔热材料

（3）耐蚀（酸）非金属材料

（4）陶瓷材料

（三）高分子材料

高分子材料为有机合成材料，也称聚合物。它具有较高的强度、良好的塑性、较强的耐腐蚀性能，很好的绝缘性和重量轻等优良性能，在工程和工业设计应用上是发展最快的一类新型结构材料。

高分子材料种类很多，在工业设计应用上通常根据机械性能和使用状态将其分为三大类：

（1）塑料

（2）橡胶

（3）合成纤维

（四）复合材料

复合材料就是用两种或两种以上不同材料组合的材料，其性能是其他单质材料所不具备的。复合材料可以由各种不同种类的材料复合组成。它在强度、刚度和耐蚀性方面比单纯的金属、陶瓷和聚合物都优越，是特殊的工程材料，在工业设计应用中具有广阔的发展前景。

二、常用设计材料

（一）金属材料

1．黑色金属

黑色金属一般是指钢铁材料，钢铁材料是工业中应用最广、用量最多的金属材料，它们是以铁为基的合金。含碳量小于2.11%（重量）的合金称为钢；而含碳量大于2.11%（重量）的合金称为生铁。工程实际中用的钢和铸铁除含铁、碳以外，还含有其他元素，其中一类是杂质元素，如硫、磷、氢等，另一类是根据使用性能和工艺性能的需要，有意加入的合金元素，常见有铬、镍、锰和钛等，铁碳合金中加入上述元素就成了合金钢或合金铸铁。

2．有色金属及其合金

（1）铝及其合金。铝及其合金在采用各种强化手段后，铝合金可以达到与低合金高强钢相近的强度（图7-9）。

图7-9　铝合金装饰的音箱

纯铝材料按纯度可分为三类：高纯铝、工业高纯铝和工业纯铝。

（2）主要的铝合金：防锈铝合金、硬铝合金、超硬铝合金、锻铝合金等。

铜及其合金。纯铜呈紫红色，常称紫铜，主要用于制作电导体及配制合金。根据杂质含量的不同，工业纯铜分为四种：T1、T2、T3、T4。编号越大，纯度越低。纯铜的强度低，不宜用作结构材料。

在铜中加入合金元素后，可获得较高的强度，同时保持纯铜的某些优良性能。一般铜合金分黄铜、青铜和白铜三大类。

（3）镍及其合金。镍及镍合金是化学、石油、有色金属冶炼、高温、高压、高浓度或混有不纯物等各种苛刻腐蚀环境比较理想的金属材料。镍力学性能良好，尤其塑、韧性优良，能适应多种腐蚀环境。

（4）钛及其合金。钛具有较好的低温性能，可做低温材料，常温下钛具有极好的抗蚀性能，在大气、海水、硝酸和碱溶液等介质中十分稳定。但在任何浓度的氢氟酸中均能迅速溶解。

（5）铅及其合金。硬铅的密度比铅高，可作为结构材料，在化工防腐蚀设备中被广泛应用，但硬铅的耐腐蚀性比纯铅略有降低。铅在大气、淡水、海水中很稳定，铅对硫酸、磷酸、亚硫酸、铬酸和氢氟酸等则有良好的耐蚀性。

（6）镁及其合金。镁合金的比强度（材料的抗拉强度与材料比重之比叫作比强度）和比刚度（材料的刚度除以密度称为比刚度）可以与合金结构钢相媲美，比强度、比刚度是结构设计，特别是航空、航天结构设计对材料的重要要求之一。故镁合金是航空工业的重要结构材料，它能承受较大的冲击、振动荷载，并有良好的机械加工性能和抛光性能（图7-10）。其缺点是

图7-10　镁合金轮毂，轻便、装饰性强

耐蚀性较差、缺口敏感性大及熔铸工艺复杂。

（二）非金属材料

非金属材料也是重要的工程材料，在工业设计实践中也占有举足轻重的位置。它包括耐火材料、耐火隔热材料、耐蚀（酸）非金属材料和陶瓷材料等。

1. 耐火材料

耐火材料的主要性能指标和分类：

（1）耐火材料的主要性能指标。

①耐火度。耐火度是耐火材料受热后软化到一定程度的温度；

②荷重软化温度；

③高温化学稳定性。高温化学稳定性是耐火材料抗炉气和炉料腐蚀的能力；

④抵抗温度变化的能力越好，则耐火材料在经受温度急剧变化时越不易损坏；

⑤抗压强度要好；

⑥密度和比热容；

⑦热导率要小，隔热性能要好，电绝缘性能要好。

（2）耐火材料的分类。

①耐火材料。按材质高低，分为普通耐火材料和特种耐火材料；按材料密度分为重质耐火材料和轻质耐火材料；按耐火材料的主要化学成分分为耐火板、黏土砖、高铝砖、硅砖、氧化铝砖、石墨和碳制品及碳化硅制品等（图7-11）。

②耐火水泥及混凝土。低钙铝酸盐耐火水泥是用优质铝钒土和石灰石，按一定比例配合经烧结、磨细制成。耐火混凝土具有施工简便、价廉和炉衬整体密封性强等优点，但强度较低。按照胶结料的不同，耐火混凝土分为水硬性耐火混凝土、火硬性耐火混凝土和气硬性耐火混凝土；按照密度的高低，可分为重质耐火混凝土和轻质耐火混凝土两类。

图7-11　防火板材料制成的厨房橱柜系统

2．耐火隔热材料

耐火隔热材料，又称为耐热保温材料。它是各种工业用炉（冶炼炉、加热炉、锅炉炉膛）的重要筑炉材料。常用的隔热材料有硅藻土、蛭石、玻璃纤维（又称矿渣棉）、石棉，以及它们的制品，如板、管、砖等。

3．耐蚀（酸）非金属材料

（1）铸石。铸石是以辉绿岩、玄武岩、页岩等天然岩石为主要原料，经熔化、浇注、结晶、退火而成的一种硅酸盐结晶材料。铸石具有极优良的耐磨与耐化学腐蚀性、绝缘性及较高的抗压性能。其耐磨性能比钢铁高十几倍至几十倍。

（2）石墨。石墨按照来源不同可分为天然石墨和人造石墨。它不仅具有高度的化学稳定性，还具有极高的导热性能。石墨材料具有高熔点（3700℃），在高温下有高的机械强度。当温度增加时，石墨的强度随之提高。石墨在3000℃以下具有还原性，并且在中性介质中有很好的热稳定性。在急剧改变温度的条件下，石墨比其他结构材料都稳定，不会炸裂破坏，石墨的导热系数比碳钢大2倍多。所以，石墨材料常用来制造传热设备。

（3）石墨具有良好的化学稳定性。除了强氧化性的酸（如硝酸、铬酸、发烟硫酸和卤素）之外，在所有的化学介质中都很稳定，甚至在熔融的碱中也很稳定。

（4）玻璃。按形成玻璃的氧化物可分为硅酸盐玻璃、磷酸盐玻璃、硼酸盐玻璃和铝酸盐玻璃等，其中硅酸盐玻璃是应用最为广泛的玻璃品种（图7-12）。

图7-12　marta sansoni设计的玻璃器皿瓶

5）天然耐蚀石料。天然耐蚀石料的组成含二氧化硅的质量分数大于55%，且其含量越高耐酸性能越好。含氧化镁、氧化钙的质量分数在50%以上的石料，有较好的或好的耐碱性能，但不耐酸侵蚀。而某些耐酸石料含二氧化硅虽然很高，由于结构致密也能耐碱侵蚀。

水玻璃型耐酸水泥。水玻璃型耐酸水泥具有能抗大多数无机酸和有机酸腐蚀的能力，但不耐碱。

4．陶瓷材料

陶瓷材料属于硅酸盐材料。目前陶瓷的应用已渗透到各类工业、各种工程和各个技术领域。陶瓷材料有着许多区别于其他材料的物理化学性能。比如高温化学稳定性、超硬的特点和极好的耐腐蚀性能。

陶瓷有多种的分类方法，人们一般按以下四个方面进行分类：

（1）按用途来分，可分为日用陶瓷、艺术（陈列）陶瓷、卫生陶瓷、建筑陶瓷、电器陶瓷、电子陶瓷、化工陶瓷、纺织陶瓷等。

（2）按是否施釉来分，可分为有釉陶瓷和无釉陶瓷。

（3）人们为了生产、研究和学习上的方便，有时不按化学组成，而根据陶瓷的性能，把它们分为高强度陶瓷，铁电陶瓷、耐酸陶瓷、高温陶瓷、压电陶瓷、高韧性陶瓷、电解质陶瓷、光学陶瓷（即透明陶瓷）、磁性陶瓷、电介质陶瓷、磁性陶瓷和生物陶瓷等。

（4）可简单分为硬质瓷、软质瓷、特种瓷。

我国所产的瓷器以硬质瓷为主。硬质瓷器，坯体组成熔剂量少，烧成温度高，在1360℃以上色白质坚，呈半透明状，有好的强度，高的化学稳定性和热稳定性，又是电气的不良传导体，如电瓷、高级餐具瓷、化学用瓷、普通日用瓷等均属此类，也可叫长石釉瓷。

软质瓷器与硬质瓷不同点是坯体内含的熔剂较多，烧成温度稍低，在1300℃以下，因此它的化学稳定性、机械强度，介电强度均低、一般工业瓷中不用软质瓷，其特点是半透明度高，多制美术瓷，卫生用瓷，瓷砖及各种装饰瓷等，如骨灰瓷、熔块瓷属于此类（图7-13）。

图7-13　陶瓷容器设计

特种瓷种类很多，多以各种氧化物为主体，如高铝质瓷，它是以氧化铝为主；镁质瓷，以氧化镁为主；滑石质瓷，以滑石为主；铍质瓷，以氧化铍或绿柱石为主；锆质瓷，以氧化锆为主；钛质瓷，以氧化钛为主。

上述特种瓷的特点多是由不含黏土或含极少量的黏土的制品，成型多用干压、高压方法。在国防工业、重工业中多用此类瓷，如火箭、导弹上的挡板、飞机、汽车上用的火花塞、收音机、快速切削用的瓷刀等。

（三）高分子材料

1. 高分子材料的基本概念

高分子材料具有较高的强度、良好的塑性、较强的耐腐蚀性能，很好的绝缘性和重量轻等优良性能，在工程和工业设计应用上是发展最快的一类新型结构材料。高分子材料一般分天然和人工合成两大类。天然高分子材料有蚕丝、羊毛、纤维素和橡胶及存在于生物组织中的淀粉和蛋白质等。工程上的高分子材料主要是人工合成的各种有机材料。通常根据机械性能和使用状态将其分为塑料、橡胶和合成纤维三大类。

人工合成的高分子材料，就是把低分子材料（单体）聚合起来所形成的。其聚合过程称为聚合反应。最常用的聚合反应有加成聚合反应（简称加聚反应）和缩合聚合反应（简称缩聚反应）两种。

2. 高分子材料的基本性能及特点

高分子材料的基本性能及特点是质轻，比强度高，有良好的韧性，减摩、耐磨性好，电绝缘性好，耐蚀性；化学稳定性好，导热系数小，易老化，易燃，耐热性好，刚度小。

3. 工程中常用高分子材料

（1）塑料制品

①塑料的组成。常用的塑料制品都是以合成树脂为基本材料，再按一定比例加入填充料、增塑剂、着色剂和稳定剂等，经混炼、塑化，并在一定压力和温度下制成的。

②工业设计中常用的塑料材料。（a）热塑性塑料。包括低密度聚乙烯、

高密度聚乙烯、聚丙烯、聚氯乙烯、聚四氟乙烯、聚苯乙烯、聚碳酸酯、ABS塑料、聚酰胺、单体浇注尼龙6、聚甲基丙烯酸甲酯（图7-14）。

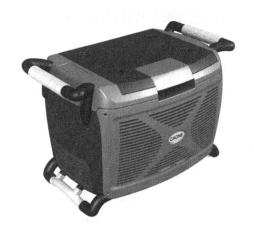

图7-14　上海金鼎公司设计制造的塑料容器

（b）热固性塑料。酚醛模塑料、酚醛玻璃纤维增强塑料、环氧树脂、呋喃树脂、不饱和聚酯树脂。

（2）橡胶。橡胶一词来源于印第安语，意为"流泪的树"。橡胶是具有可逆形变的高弹性聚合物材料。在室温下富有弹性，在很小的外力作用下能产生较大形变，除去外力后能恢复原状。橡胶属于完全无定型聚合物，它的玻璃化转变温度低，分子量往往很大，大于几十万。

橡胶品种很多，分类方法也不统一

①按材料来源可分为天然橡胶和合成橡胶两大类。

②按其性能和用途可分为通用橡胶和特种橡胶两大类。

凡是性能与天然橡胶相同或接近，物理性能和加工性能较好，能广泛用于轮胎和其他一般橡胶制品的橡胶称为通用橡胶。通用橡胶有天然橡胶、丁苯橡胶、顺丁橡胶、异戊橡胶。

凡是具有特殊性能，专供耐热、耐寒、耐化学腐蚀、耐油、耐溶剂、耐辐射等特殊性能橡胶制品使用的称为特种橡胶。特种橡胶有丁腈橡胶、硅橡胶、氟橡胶、聚氨酯橡胶、聚硫橡胶、聚丙烯酸酯橡胶、氯醚橡胶、氯化聚乙烯橡胶、氯磺化聚乙烯、丁吡橡胶等。

实际上，通用橡胶和特种橡胶之间并无严格的界限，如乙丙橡胶兼具上述两方面的特点。介于通用橡胶与特种橡胶之间的橡胶材料有氯丁橡胶、乙丙橡胶、丁基橡胶。

③热塑性橡胶：SBS热塑性橡胶。橡胶的加工基本过程包括塑炼、混炼、压延或挤出、成型和硫化等基本工序，每个工序针对制品有不同的要求，分别配合以若干辅助操作。为了能将各种所需的配合剂加入橡胶中，生胶首先需经过塑炼提高其塑性；然后通过混炼将炭黑及各种橡胶助剂与橡胶均匀混合成胶料；胶料经过压出制成一定形状坯料；再使其与经过挂胶或涂胶的纺织材料（或与金属材料）组合在一起成型为半成品；最后经过硫化又将具有塑性的半成品制成高弹性的最终产品（图7-15）。

图7-15　运动鞋中大量运用橡胶材质

（3）合成纤维。合成纤维具有强度高、密度小、耐磨和不霉不腐等特点，广泛用于制作衣料。在工农业生产、交通运输及国防建设上也发挥了很大作用。

（四）复合材料

1. 复合材料的基本概念

复合材料（composite material），是以一种材料为基体（Matrix），另一种材料为增强体（reinforcement）组合而成的材料。各种材料在性能上互相取长补短，产生协同效应，使复合材料的综合性能优于原组成材料而满足各种不同的要求。复合材料的基体材料分为金属和非金属两大类。金属基体常用的有铝、镁、铜、钛及其合金。非金属基体主要有合成树脂、橡胶、陶瓷、石墨、碳等。增强材料主要有玻璃纤维、碳纤维、硼纤维、芳纶纤维、碳化硅纤维、石棉纤维、晶须、金属丝和硬质细粒等。

复合材料使用的历史可以追溯到古代。从古至今沿用的稻草增强黏土和已使用上百年的钢筋混凝土均由两种材料复合而成。20世纪40年代，因航空工业的需要，发展了玻璃纤维增强塑料（俗称玻璃钢），从此出现了复合材料这一名称。50年代以后，陆续发展了碳纤维、石墨纤维和硼纤维等高强度和高模量纤维。70年代出现了芳纶纤维和碳化硅纤维。这些高强度、高模量纤维能与合成树脂、碳、石墨、陶瓷、橡胶等非金属基体或铝、镁、钛等金属基体复合，构成各具特色的复合材料。

2．复合材料的分类

复合材料按其组成分为金属与金属复合材料、非金属与金属复合材料、非金属与非金属复合材料。

按其结构特点又分为：

（1）纤维复合材料。将各种纤维增强体置于基体材料内复合而成。如纤维增强塑料、纤维增强金属等。

（2）夹层复合材料。由性质不同的表面材料和芯材组合而成。通常面材强度高、薄；芯材质轻、强度低，但具有一定刚度和厚度。分为实心夹层和蜂窝夹层两种（图7-16）。

图7-16　用复合夹层材料制成的三鹿酸牛奶"新鲜壶"包装

（3）细粒复合材料。将硬质细粒均匀分布于基体中，如弥散强化合金、金属陶瓷等。

（4）混杂复合材料。由两种或两种以上增强相材料混杂于一种基体相材料中构成。与普通单增强相复合材料比，其冲击强度、疲劳强度和断裂韧性显著提高，并具有特殊的热膨胀性能。分为层内混杂、层间混杂、夹芯混杂、层内/层间混杂和超混杂复合材料（图7-17）。

图7-17　复合材料制成的水箅

20世纪60年代，为满足航空航天等尖端技术所用材料的需要，先后研制和生产了以高性能纤维（如碳纤维、硼纤维、芳纶纤维、碳化硅纤维等）为增强材料的复合材料，其比强度大于4×10^6厘米，比模量大于4×10^8厘米。为了与第一代玻璃纤维增强树脂复合材料相区别，将这种复合材料称为先进复合材料。按基体材料不同，先进复合材料分为树脂基、金属基和陶瓷基复合材料。其使用温度分别达250℃~350℃、350℃~1200℃和1200℃以上。先进复合材料除作为结构材料外，还可用作功能材料，如梯度复合材料（材料的化学和结晶学组成、结构、空隙等在空间连续梯变的功能复合材料）、机敏复合材料（具有感觉、处理和执行功能，能适应环境变化的功能复合材料）、仿生复合材料、隐身复合材料等。

3．复合材料的性能

复合材料中以纤维增强材料应用最广、用量最大。其特点是比重小、比强度和比模量大。例如碳纤维与环氧树脂复合的材料，其比强度和比模量均比钢和铝合金大数倍，还具有优良的化学稳定性、减摩耐磨、自润滑、耐热、耐疲劳、耐蠕变、消声、电绝缘等性能。石墨纤维与树脂复合可得到膨胀系数几乎等于零的材料。纤维增强材料的另一个特点是各向异性，因此可按制件不同部位的强度要求设计纤维的排列。以碳纤维和碳化硅纤维增强的铝基复合材料，在500℃时仍能保持足够的强度和模量。碳化硅纤维与钛复合，不但钛的耐热性提高，且耐磨损，可用作发动机风扇叶片。碳化硅纤维与陶瓷复合，使用温度可达1500℃，比超合金涡轮叶片的使用温度（1100℃）高得多。碳纤维增强碳、石墨纤维增强碳或石墨纤维增强石墨，构成耐烧蚀材料，已用于航天器、火箭导弹和原子能反应堆中。非金属基复合材料由于密度小，用于汽车和飞机可减轻重量、提高速度、节约能源。用碳纤维和玻璃纤维混合制成的复合材料片弹簧，其刚度和承载能力与重量大5倍多的钢片弹簧相当。

4．复合材料的成型方法

复合材料的成型方法按基体材料不同各异。树脂基复合材料的成型方法较多，有手糊成型、喷射成型、纤维缠绕成型、模压成型、拉挤成型、热压罐成型、隔膜成型、迁移成型、反应注射成型、软膜膨胀成型、冲压成型等。金属基复合材料成型方法分为固相成型法和液相成型法。前者是在低于基体熔点温度下，通过施加压力实现成型，包括扩散焊接、粉末冶金、热轧、热拔、热等静压和爆炸焊接等。后者是将基体熔化后，充填到增强体材料中，包括传统铸造、真空吸铸、真空反压铸造、挤压铸造及喷铸等。陶瓷基复合材料的成型方法主要有固相烧结、化学气相浸渗成型、化学气相沉积成型等。

5．复合材料的应用

复合材料的主要应用领域有：

（1）航空航天领域。由于复合材料热稳定性好，比强度、比刚度高，可用于制造飞机机翼和前机身、卫星天线及其支撑结构、太阳能电池翼和外壳、大型运载火箭的壳体、发动机壳体、航天飞机结构件等。

（2）汽车工业。由于复合材料具有特殊的振动阻尼特性，可减振和降低噪声、抗疲劳性能好，损伤后易修理，便于整体成型，故可用于制造汽车车身、受力构件、传动轴、发动机架及其内部构件（图7-18）。

图7-18　复合材料在现代汽车制造业中大量应用

（3）化工、纺织和机械制造领域。有良好耐蚀性的碳纤维与树脂基体复合而成的材料，可用于制造化工设备、纺织机、造纸机、复印机、高速机床、精密仪器等。

（4）医学领域。碳纤维复合材料具有优异的力学性能和不吸收 X 射线特性，可用于制造医用 X 光机和矫形支架等。碳纤维复合材料还具有生物组织相容性和血液相容性，生物环境下稳定性好，也用作生物医学材料。此外，复合材料还用于制造体育运动器件和用作建筑材料等。

第三节　设计材料的选择

我们可以毫不武断地说，世界上没有不好的材料，只有在特定的领域选择错误的材料。因此，作为一名工业设计师，我们必须要彻底了解各种可供选择的材料的性能，并仔细测试这些材料，研究其与各种因素对成型加工制品性能的影响，使我们能够在设计实践过程中选择设计材料时，有的放矢。设计材料选择的正确与否，对降低产品制造成本、提高产品的市场竞争力来说具有举足轻重的作用。

对于材料的选择，工程师有一套严谨的做法，从结构的设计与力学分析、应力应变的计算，一直到复杂的电脑模拟与材料实验等，是一个理性地寻求最佳解答的过程。那么在设计，或者准确地说是在工业设计的观点下，材料又是如何被看待与选择的呢？除了物理化学特性、成本与优良品率等考量或是限制之外，设计师更关注的是材料所带给消费者的主观感受与刺激，以及这些感官刺激引起的情绪与所唤起的经验。

一、根据材料的基本性质选择

借鉴建筑设计对材料的分类方法，工业设计材料的基本性质主要包括材料的物理性质、水学性质、热工性质、力学性质、耐候性质和装饰性质六个方面。

（一）材料的物理性质

在工业设计范畴内讨论材料的物理性质，根据我们工业设计实践的特点，主要包括下列材料物理特性中的表示材料物理状态下特点的性质。它主要有密度、熔点、硬度、导电性、导热性、延展性等。

（二）材料的水学特性

材料的水学特性主要包括如下几个方面：

1.亲水性与憎水性

当材料与水接触时，有些材料能被水润湿，有些材料则不能被水润湿。前者称材料具有亲水性，后者称材料具有憎水性。

2.吸水性

材料浸入水中吸收水分的能力，称为吸水性，吸水性的大小，常以吸水率表示。吸水率，是指材料吸水饱和时的吸水量占材料干燥质量的百分率。如木材的吸水率可达100%，普通黏土砖的吸水率为8%～20%。吸水性大小与材料本身的性质，以及孔隙率大小等有关。

3.吸湿性

材料在潮湿空气中吸收水分的性质，称为吸湿性。吸湿性随着空气湿度的变化而变化，如果是与空气湿度达到平衡时的含水率，则称为平衡含水率。具有微小的开口孔隙的材料，吸湿性特别强。如木材及某些隔热材料能吸收大量的水分，因为这些材料的内表面积大，吸附能力强。

4. 耐水性

材料在水中或吸水饱和以后不破坏，其强度不显著降低的性质，称为材料的耐水性。

5. 抗渗性

材料抵抗压力水渗透的性质，称为抗渗性。

（三）材料的热工性质

1. 导热性

材料的导热性，是指热量由材料的一面传到另一面的性质。

2. 热容量

材料的热容量，是指材料在加热时吸收热量，冷却时放出热量的性质。

（四）材料的力学性质

1. 材料的强度

材料在外力作用下抵抗破坏的能力，称为材料的强度。材料受外力作用时，内部就产生应力。外力增加，应力相应增大，直至材料内部质点间结合力不足以抵抗所作用的外力时，材料即发生破坏。此时的极限应力值，就是材料的强度，也称极限强度。根据外力作用形式的不同，材料的强度有抗压强度、抗拉强度、抗弯强度及抗剪强度等。

2. 材料的弹性和塑性

材料在外力作用下产生变形，外力取消后变形即行消失，材料能够完全恢复到原来形态的性质，称为材料的弹性。这种能够完全恢复的变形，称为弹性变形。

在外力作用下材料产生变形，在外力取消时，有一部分变形不能恢复，这种性质称为材料的塑性。这种不能恢复的变形，称为塑性变形。

3.材料的脆性与韧性

脆性，是指材料受力达到一定程度后突然破坏，而破坏时并无明显塑性变形的性质。脆性材料的变形曲线，其特点是材料在接近破坏时，变形仍很小。玻璃、砖、石及陶瓷等属于脆性材料，它们抵抗冲击作用的能力差，但是抗压强度较高。

韧性，是指材料在冲击、振动载荷的作用下，能承受较大的变形也不致破坏的性质。工业设计中所涉及的结构性部件的设计，在选择表现材料时都要求具有较高的韧性。

4.材料的硬度和耐磨性

硬度，是指材料抵抗较硬的物体压入其中的性能，常用钢球压入法测定。一般说来，硬度大的材料，耐磨性较强，但是不易加工。

耐磨性，是指材料表面抵抗磨损的能力。

（五）材料的耐候特性

1.材料的耐久性

材料长期抵抗各种内外破坏因素或腐蚀介质的作用，保持其原有性质的能力称为材料的耐久性。材料的耐久性是材料的一项综合性质，一般包括耐水性、抗渗性、抗冻性、耐腐蚀性、抗老化性、耐热性、耐溶蚀性、耐磨性、耐擦性、耐光性、耐玷污性、易洁性等。对工业设计材料主要要求颜色、光泽、外形等不发生显著的变化。材料的组成和性质不同，设计的重要性及所处环境不同，则对材料耐久性项目的要求及耐久性年限的要求也不同。

2.影响材料耐久性的因素

（1）内部因素。内部因素是造成工业设计材料耐久性下降的根本原因。内部因素主要包括材料的组成、结构与性质。当材料的组成易溶于水或其他液体，或易与其他物质产生化学反应时，则材料的耐水性、耐化学腐蚀性等较差；无机非金属脆性材料在温度剧变时易产生开裂，即耐急冷急热性差；晶体材料较同组成非晶体材料的化学稳定性高；有机材料因含有不饱和键（双键或三键），抗老化性较差；当材料强度较高时，材料的耐久性往往较高。

（2）外部因素。外部因素也是影响耐久性的主要因素，主要有：

①化学作用。包括各种酸、碱、盐及其水溶液，各种腐蚀性气体，对材料具有化学腐蚀作用或氧化作用。

②物理作用。包括光、热、电、温度差、湿度差、干湿循环、冻融循环、溶解等，可使材料的结构发生变化，如内部产生微裂纹或孔隙率增加。

③机械作用。包括冲击、疲劳载荷，各种气体、液体及固体引起的磨损等。生物作用包括菌类、昆虫等，可使材料产生腐朽、虫蛀等破坏。

实际的工业设计实践中，材料受到的外界破坏因素往往是两种以上因素同时作用。金属材料常由化学和电化学作用引起腐蚀和破坏，无机非金属材料常由化学作用、溶解、冻融、风蚀、温差、摩擦等其中某些因素或综合作用而引起破坏，有机材料常由生物作用、溶解、化学腐蚀、光、热、电等作用而引起破坏。

（六）材料的装饰特性

1.材料的颜色、光泽、透明性

颜色是材料对光谱选择吸收的结果。不同的颜色对于人类的心理会产生不同的影响（具体影响可参考色彩构成中的相关理论）。

光泽是材料表面方向性反射光线的结果。材料表面愈光滑，则光泽度愈高。改变材料表面的明暗程度，可扩大视野或造成不同的虚实对比。

透明性是光线透过材料的性质。根据透明性的不同，材料可分为透明体（可透光、透视）、半透明体（透光，但不透视）、不透明体（不透光、不透视）。利用不同的透明度可隔断或调整光线的明暗，造成特殊的光学效果，也可使物象清晰或朦胧。

2.材料的质感

材料的质感是材料的表面组织结构、花纹图案、颜色、光泽、透明性等给人的一种综合感觉，如钢材、陶瓷、木材、玻璃等材料在人的感官中的软硬、轻重、粗犷、细腻、冷暖等感觉。相同组织的材料可以有不同的质感，如普通玻璃与压花玻璃、镜面花岗岩板材与剁斧石。相同的表面处理形式往往具有相同或类似的质感，但有时并不完全相同，如人造花岗岩、仿木纹制品，一般均没有天然的花岗岩和木材亲切、真实，而略显单调、呆板。

3.材料的耐玷污性、易洁性和耐擦性

材料表面抵抗污物作用保持其原有颜色和光泽的性质称为材料的耐玷污性。

材料表面易于清洗洁净的性质称为材料的易洁性，它包括在风、雨等作用下的易洁性（又称自洁性）及在人工清洗作用下的易洁性。

良好的耐玷污性和易洁性是装饰材料经久常新、长期保持其装饰效果的重要保证。

材料的耐擦性实质是材料的耐磨性，分为耐干擦性和耐洗刷性。耐擦性越高，则材料的使用寿命越长。家具及其他日常家居用品设计中材料的选择对于材料的耐擦性具有较高的要求。

实际的工业设计实践过程中，我们在选择设计材料时，除了要根据材料以上的传统特性进行考量和选择之外，材料的心理学特性也具有举足轻重的作用，在某种程度上，材料的心理学特性显得更加重要。

二、根据材料心理学特性选择

前面我们已经讨论过，我们存在的世界是一个由各种材料组成的世界，我们认识世界的方法也就是我们体验材料的方法，那就是我们的五种感官知觉：视觉、触觉、听觉、嗅觉与味觉。借由五种感官的刺激，我们认识新材料，同时也对比这个刺激与原有经验之间的差别，正是通过这个对比过程，我们了解了材料也了解了工业设计本身。接下来我们就分别来谈材料美学与五种感官知觉的交互作用。

（一）材料的视觉感受

1.材料的表面处理与色彩

眼睛是我们认识世界的最主要的方法。在我们接收的视觉信息当中，除了形状之外，还有材料本身所带来的刺激；在这个刺激里，色彩及表面处理总是与材料如影随形，因此在工业设计领域中，他们经常被合在一起统称为CMF。当一个材料被选择与组合时，考量的不单单是材料本身，还有这个材料可以搭配怎样的表面处理、呈现怎样的色泽。所以我们会用肌理、色彩，以及光泽等元素来描述一个材料的视觉特性。

由于材料的表面肌理与色泽主导着它的视觉特性，因此若一种材料能够呈现独特的外观质感或是具有越多表面处理与色泽变化的可能性，就会越受到欢迎。以金属为例，铝合金因为其表面处理与色彩呈现的多样性而颇受设计师青睐，我们可以在以工业设计著称的苹果电脑设计里看到许多应用铝合金材料的产品，不论是 MacBook 的铝合金冲压或是 iPod 的阳极染色，铝材喷砂雾面的低调均质与阳极染色的多姿多彩，共同为苹果电脑的产品营造了高质感而又生动活泼的产品风貌（图 7-19）。

图7-19　Apple电脑的高质感

2. 材料的装饰性

材料的视觉特性除了借助表面处理与各类上色、染色与发色方式传达之外，带有各式花纹、图案、文字，影像的装饰效果则是材料展现视觉刺激的另一种强烈方式。在产品设计常用的材料上，以塑料、橡胶的装饰发展较为多元化和迅速。从网印、移印、水转印、热转印、激光雕刻，一直到近年来发展快速的模内装饰技术（In-Mold Decoration，IMD），甚至有厂商开发出结合数字喷墨科技与移印技术的曲面影像转印工艺，可以直接将照片转印至曲面塑料或橡胶产品上。再者，由于装饰工艺的进步，人们甚至开始有能力让某些材料去模仿其他材料的样子（图7-20）。

图7-20　Mr.P上吊马克杯

3.新材料与新工艺创造的新视觉感受

除了运用材料特有的外观质感、表面处理方式或是装饰性工艺来传达其视觉感受之外，设计师与工程师们还试图借助新的技术来拓展材料的视觉美感。物理气相沉积（PVD）在产品塑料外壳上的应用就创造了塑件前所未有的视觉效果，除了能够在曲面塑件上产生流动金属般的浮光掠影之外，还能产生略带金属反射效果的奇幻色泽（图7-21）。另一个创新视觉效果的例子则是LED的应用。它使得材料不单单只是反射外在光源，还能主动创造光线与色彩情境。

图7-21　Mr.P害羞台灯

（二）材料的触觉感受

相对于材料的视觉效果，材料的触觉感受线比较而言是没有受到足够开发的部分。不像视觉感官有许多的文字言语可以描述与传达，触觉经验的丰富万象，一直藏身在只可意会不可言传的神秘境地里。为了鼓励人们从感官出发去构思设计，日本设计师原研哉在2004年筹划了一个称为Haptic的展览，展出许多刺激感官，特别是触觉反应的设计，例如不使用时非常柔软，但使用时一触碰就会变得坚硬的橡胶材质遥控器或是纹理质感与真实高丽菜叶脉几可乱真的纸餐盘等，促使人们重新思考感官经验建构的无限可能。

除了保护作用之外，涂装的目的一直是为了视觉效果。然而皮革漆的出现把涂料从单纯的视觉领域带进了触觉的世界。在塑胶射出成型的产品里，一样有着触感的演进与崭新经验的创造。从早期喷砂雾面效果的花纹印花工艺进展到现在的立体纹理，虽然多数的印花工艺应用还是试图模仿皮革、木纹或是金属发丝的质感，但是也有设计师利用模具蚀刻创造出全新的纹理，造就视觉与触觉不同的体验。另外一个与触觉相关的新话题就是触摸式面板，如Apple的iPhone，自推出以来，手指触摸感应的输入方式由于其直觉易用而蔚为风潮。

（三）材料的听觉感受

材料的听觉特性主要表现在它受到敲击时发出的声音频率与声音持续的长短。除了乐器与音响类产品之外，材料的声音特质在产品设计上的应用并不多。然而，我们还是偶尔会借助材料发出的声音来辨识材料，继而唤起记忆中的经验。就像买水果时会敲一敲西瓜来辨别西瓜是否成熟一样，我们常常会敲一敲某个材料，借助它发出的声音来判断它的材质或是厚实程度。除了辨识作用之外，材料发出的声音有时候还会影响我们的心情。想象你在高级餐厅的烛光晚餐中，执起晶莹剔透的高脚玻璃杯与同伴共饮，干杯！随着一声清脆的碰杯声，所有的美好尽在不言中……可是如果换成是透明塑胶杯，那感觉就完全不对味了。

（四）材料的嗅觉与味觉感受

在产品设计上，味觉的应用并不常见，因为大多数的产品不是用来品尝的。而至于气味，一直是感官世界里最强烈的诱惑；不论是浓郁扑鼻或淡雅幽然，氤氲飘散的香味总是能轻易左右我们的心情。带有愉悦气味的材料多数应用于手工艺品，在大量生产的工业产品中，嗅觉则极少成为产品设计的主角，或许主要是因为产品设计所使用的材料一般是不太具有香味的。因此能散发香味的产品通常是使用与材质无关的方式达成，如 Rotuba 公司推出的Auracell 聚合物就是利用醋酸纤维素如同呼吸般吸附与排出湿气的特性，在其中加入各式香精，使其产生持续释放香味的能力。

在实际生活中，各个感官的感觉并不是独立运作的。按照日本设计师原研哉的说法，人是一个感官的综合体，各种感觉相互渗透、相互影响，并且会因为接收多种刺激而不断再生。而设计材料感觉世界的精彩与趣味在于它的无限可能及对人类心理所能产的微妙而又强烈的影响。这样的无限可能来自于技术的新发展或是既有技术的新应用；对于心理的影响则来自于感官经验的开拓及不同感官经验的交互利用与再融合。至于感官知觉这个新领域的探索与拓展则有赖工程师与设计师们的好奇心、想象力及实验精神，才能在更环保、更廉价的材料之外，开发出让人更有"感觉"的材料应用案例。

图书在版编目（CIP）数据

产品设计基础解析 / 张峰著 .-- 北京：中国时代
经济出版社，2018.3
ISBN 978-7-5119-2744-6

Ⅰ.①产… Ⅱ.①张… Ⅲ.①产品设计 Ⅳ.
① TB472

中国版本图书馆 CIP 数据核字（2017）第 321579 号

书　　名：产品设计基础解析
作　　者：张　峰
出版发行：中国时代经济出版社
社　　址：北京市丰台区玉林里 25 号楼
邮政编码：100069
发行热线：（010）63508271　63508273
传　　真：（010）63508274　63508284
网　　址：www.icnao.cn
电子邮箱：sdjj1116@163.com
经　　销：各地新华书店
印　　刷：天津爱必喜印务有限公司
开　　本：710 毫米 ×1000 毫米　　1/16
字　　数：201 千字
印　　张：11
版　　次：2018 年 3 月第 1 版
印　　次：2018 年 3 月第 1 次印刷
书　　号：ISBN 978-7-5119-2744-6
定　　价：40.00 元